阿尔金北缘多元信息找矿与矿产保存探讨

孙　岳　陈正乐　陈柏林 等　著

科 学 出 版 社
北　京

内 容 简 介

本书主要通过对阿尔金北缘地区大平沟金矿、喀腊大湾铁矿、喀腊达坂铅锌矿和阿北银铅矿 4 个典型矿床地质特征进行剖析，确定已知金矿、铁矿和铅锌铜多金属矿的地层、构造、岩体、矿化蚀变等找矿标志，结合 Landsat 7 ETM+影像不同波段组合解译的线性构造及铁染、羟基、褐铁矿化和黄钾铁矾矿化蚀变信息，建立矿产预测数据库，并运用证据权重法圈定了 4 个金矿、2 个铁矿和 7 个铅锌铜多金属矿找矿远景区，最后对部分远景区进行野外验证工作。在此基础上，采集研究区 22 个岩体样品，利用磷灰石裂变径迹技术探讨阿尔金北缘山脉隆升剥露过程，用以指示矿产的揭顶和保存状况。

本书可供地质类专业研究生、地质生产者和科研人员参阅。

图书在版编目（CIP）数据

阿尔金北缘多元信息找矿与矿产保存探讨 / 孙岳等著. —北京：科学出版社，2019.10

ISBN 978-7-03-062461-1

Ⅰ. ①阿… Ⅱ. ①孙… Ⅲ. ①成矿带－金属矿－成矿条件－西北地区 ②成矿带－金属矿－成矿预测－西北地区 Ⅳ. ①P618.201

中国版本图书馆 CIP 数据核字（2019）第 209913 号

责任编辑：周 丹 石宏杰 / 责任校对：杨聪敏
责任印制：张 伟 / 封面设计：许 瑞

科 学 出 版 社 出版
北京东黄城根北街 16 号
邮政编码：100717
http://www.sciencep.com

北京凌奇印刷有限责任公司 印刷
科学出版社发行 各地新华书店经销
*
2019 年 10 月第 一 版 开本：720 × 1000 1/16
2019 年 10 月第一次印刷 印张：10 1/2
字数：206 000

定价：99.00 元

（如有印装质量问题，我社负责调换）

作 者 名 单

孙　岳　陈正乐　陈柏林
张　青　韩凤彬　王　永
王晓虎

前　　言

随着浅部矿产资源的逐渐减少，找矿难度的逐渐加大，单独地应用某一技术或理论难以实现找矿的重要突破，因此开展多角度、多学科、多方法的综合研究，以及多元信息的集成分析对找矿预测显得尤为重要。近年来，运用地质、地球物理、地球化学、遥感多元信息和计算机技术提取与成矿相关的地质异常信息进行找矿远景区或靶区的圈定已经取得了十分显著的应用效果。基于地理信息系统（geological information system，GIS）技术和多元信息集成方法能够有效地将找矿预测所涉及的多学科信息融合到一起，为找矿预测与矿产资源定量评价提供基础支撑，是近年来矿产资源勘查领域的主要研究方向之一，也是理论-信息找矿的重要手段之一。目前，矿产资源评价已步入数字化、定量化、信息化的研究阶段，运用 GIS 技术和地物化遥多元信息进行找矿远景区或靶区的圈定，将成矿规律与多元信息综合分析方法有机地结合起来已成为矿产资源评价的重要途径，技术方法比较成熟，应用成果丰硕。

阿尔金 NEE 向断裂带位于青藏高原北缘，是陆内巨型左行走滑断裂带。阿尔金北缘地区在阿尔金 NEE 向构造带的东段。阿尔金地区的区域构造演化、断裂走滑时间、走滑位移量、走滑机制等已经成为 20 世纪八九十年代以来的研究热点，并取得了重要的研究成果。阿尔金北缘地广人稀，交通不便，地形起伏大，不利于野外工作和工程探矿。相对于整个阿尔金构造带的研究，阿尔金北缘在 21 世纪初才开始有详细研究和报道，主要是围绕金、铅锌、铁等矿床成因、控矿构造、地球化学及年代学等方面的研究，目前涉及地物化遥多元信息找矿预测的研究相对薄弱，成为区域找矿工作亟须解决的关键问题之一。

近十年的找矿成果显示，阿尔金北缘是一条重要的铁、铜、金、铅锌多金属成矿带，其矿床成因类型、不同矿种组合关系及其反映的成矿作用条件与北祁连山西段成矿带非常相似。阿尔金北缘很有可能是北祁连山西段成矿带的西延部分，因新生代阿尔金 NEE 向断裂左行走滑作用而与北祁连山西段有所错断。该区中生代以前区域构造的演化特点与北祁连山西段基本一致，经历了太古宙—古元古代陆核和结晶基底的形成、中元古代稳定大陆边缘沉积、新元古代末期—早古生代板块扩张、加里东期板块俯冲-碰撞、晚古生代裂谷扩张及闭合造山作用和岩浆活动、印支期伸展作用和碱性岩侵位。而中生代末以来，由于印度板块与欧亚板块俯冲、碰撞造山及其远程效应的影响，阿尔金断裂带发生了大规模的左行走滑，阿尔金北缘地区则更多地表现出挤压体制的偏脆性变形特点。因此，阿尔金北缘应该具有非常好的成矿地质条件和找矿远景。可见，建立阿尔金北缘地区的多元信息数据库及找矿预测模型对科研和实际找矿都具有重要的意义。

矿床的形成是一个“源、运、储、变、保”的过程，早期形成的矿床，后期由于地质环境的改变，先成矿体可能会被揭露或破坏，在诸多因素中，区域隆升剥露起关键作用。利用裂变径迹技术计算山体剥蚀深度，恢复山体剥露过程，结合矿体的成矿深度，对探讨矿床的保存状况和深部的找矿潜力意义重大。

本书以阿尔金北缘成矿特征和地质异常理论为指导，在充分借鉴和吸收前人研究成果的基础上，围绕多元信息找矿预测与矿产保存这一主题，分析和运用阿尔金北缘的地质、地球物理、地球化学和遥感信息，将各种有利于矿床形成的变量进行成矿有利度的定量分析。同时，结合研究区区域地质背景，以及已知矿床的成矿规律、控矿条件和找矿标志，运用矿产资源评价系统（MRAS）建立找矿模型，圈定找矿远景区，并对圈定的金、铁、铅锌远景区进行野外验证和评价。在此基础上，系统采集了中酸性侵入岩样品进行磷灰石裂变径迹测年分析，探讨了新生代以来阿尔金北缘EW向山脉隆升剥露的时空差异特征。其中最重要的发现是阿尔金山脉在古近纪山脉隆升剥露具有普遍性，而中新世至今的隆升和剥露仅仅存在于NEE走向的阿尔金断裂带旁侧的山体和NE向的山体，进而推测中新世以来阿尔金断裂带的快速走滑并没有影响阿尔金北缘EW向山体的隆升剥露。该结果对探讨新生代以来阿尔金及其邻区的区域地质演化过程具有重要理论意义，对探讨区内金属矿产揭顶过程和保存条件进而指示区域找矿方向具有实用价值。

本书共分七章，主要内容如下。

（1）GIS多元信息找矿评述。介绍多元信息找矿的研究现状；阐述地物化遥数据特点和基于GIS技术进行多元信息找矿的思路流程；指出GIS作为多元信息管理和分析的现代化工具，结合成矿理论进行三维可视化、定量化找矿预测和矿产资源评价是今后主要的研究方向。

（2）阿尔金北缘区域地质背景。主要从地层、构造和岩浆岩等方面阐述，研究区地层从新太古界至新生界均有发育，构造表现为古生代以前基底构造、早古生代变形构造和中-新生代脆性断裂构造，岩浆岩出露广泛，侵入岩和火山岩从基性到酸性均有发育，时代以早古生代为主，少量元古宙和晚古生代侵入岩。

（3）阿尔金北缘区域矿产。阿尔金北缘区内矿产资源丰富，以金、铜、铁、铅、锌等矿种为主，目前已发现的大、中、小型矿床（点）数达几十处。根据矿床地质特征，以成矿过程的地质作用为依据可将研究区内的矿床划分为与大规模韧性-韧脆性变形作用有关的、与海相火山沉积作用有关的及与岩浆侵入活动有关的矿床三大类。分析大平沟金矿、喀腊大湾铁矿带和喀腊达坂铅锌矿，以及阿北银铅矿三种不同类型矿床的主要控矿因素、地球化学异常特征、矿床原生晕剖面特征及地表矿化蚀变特征等，在此基础上归纳区域成矿规律，确定不同类型矿床的地质找矿标志。

（4）区域地球化学及矿床原生晕。分析 Au、Cu 及其他金属元素地球化学异常分布特征；对贝克滩南金矿、喀腊大湾铁矿带和喀腊达坂铅锌矿进行矿床原生晕的测试，并对不同矿床测试的成矿元素进行因子分析、相关分析和聚类分析。结果表明贝克滩南金矿中 As-Sb、Bi-Pb-Sn、Cu-Zn 元素相关性高；喀腊大湾 7918 铁矿中 Co-Ni-V-Zn-Fe、Mn-Sn、Cu-Ni-V 元素相关性高；喀腊达坂铅锌矿中 Sb-Pb-Ag-Hg、Cd-Zn、W-Mo-Bi 元素相关性高。说明各矿床外围或深部具有相关矿体成矿的可能性。

（5）遥感影像信息提取。介绍本书研究所用遥感数据的类型、获取途径及影像的辐射校正等相关预处理；基于已知矿点和线性构造空间关系进行最佳缓冲区分析，作为找矿预测的有利条件；采集地表褐铁矿化和黄钾铁矾样品获取矿化波谱曲线，运用光谱角制图法、主成分分析方法提取了研究区褐铁矿化、黄钾铁矾矿化及铁染和羟基蚀变信息。

（6）多元信息找矿预测。建立阿尔金北缘多元信息数据库，包括地层、构造、岩体等地质体的地理空间位置；Au、Cu、Pb、Zn 不同元素的异常；褐铁矿化、黄钾铁矾、铁染蚀变、羟基蚀变信息；已知矿点的坐标位置等。在 MRAS 软件中将研究区分为若干大小相等的单元格，单元格大小 2km×2km。运用证据权重法（weights of evidence，WofE）对研究区不同类型矿床进行多元信息找矿预测，共圈定 13 个预测远景区，其中金矿远景区 4 个，铁矿远景区 2 个，铅锌铜多金属矿远景区 7 个。在此基础上，对贝克滩、恰什坎萨依、喀腊大湾、芦草沟等地区进行野外验证，验证结果表明预测的远景区具有较好的找矿前景。

（7）山体剥露与矿产保存。系统采集阿尔金北缘卓阿布拉克、大平沟和喀腊大湾地区 3 条剖面 22 个中酸性侵入岩样品，进行磷灰石裂变径迹数据分析和热史模拟，确定阿尔金北缘山脉在新生代的隆升剥露过程，探讨阿尔金地区山体（包括阿尔金断裂两侧山体和阿尔金 NE 向山体）在新生代隆升剥露的差异特征。矿床的保存与山体的隆升剥露关系密切，本次恢复阿尔金北缘隆升剥露历史，以期为该区深部找矿和区域找矿潜力评价提供科学依据。

本书基于作者团队多年的野外和室内工作，为“十二五”国家科技支撑计划项目中“阿尔金成矿带多元信息成矿预测与找矿示范”专题和中国地质调查项目“阿尔金北缘构造变形与金多金属矿床找矿预测”的成果。野外工作过程中，中国地质科学院地质力学研究所吴玉、张文高、孟令通、何江涛、王斌、韩梅梅及新疆地质矿产勘查局第一区域地质调查大队祁万修等给予了很大帮助。本书的出版得到了东华理工大学核资源与环境国家重点实验室和东华理工大学地球科学学院的大力支持和帮助。在此致以诚挚的感谢。

由于作者水平有限，不足之处恳请批评指正！

孙　岳

2019年5月

目　录

1 GIS 多元信息找矿评述

随着浅部矿产资源的逐渐减少及找矿难度的加大，单一找矿信息对隐伏矿床的找寻效果可能不明显，单一的理论方法难以取得找矿的突破和对矿产资源进行正确评价，面对这一状况，采用新技术方法进行找矿预测和矿产资源评价已迫在眉睫（陈炳贵，2015；黄诚等，2018）。基于地理信息系统多元信息找矿预测是一种高效的找矿勘查方法，是以成矿理论和地质异常理论为指导，以地质、地球物理、地球化学、遥感（以下简称地物化遥）异常信息为基础，借助计算机技术和资源评价系统对地物化遥信息中的各种与矿床有关的信息进行量化分析，建立找矿模式，从而进行找矿预测的一种找矿勘查技术方法，该方法是当前找矿预测工作中的主要发展方向和主要技术手段之一（肖克炎等，2000，2015；Carranza，2008；陈建平等，2008a；向中林等，2009；杨斌等，2014；Zhang et al.，2017a；崔宁等，2018）。

1.1 研 究 现 状

1.1.1 国外研究进展

找矿预测是矿产资源评价的重要内容，在过去几十年受到全球地质学家的关注和研究（潘国成，2010）。矿产资源评价是利用现代地质成矿理论和评价技术对地质调查得到的各种资料（地质资料、地球物理数据、地球化学数据和遥感数据等）进行全面的综合分析，提取各种与成矿有关的信息，总结成矿规律、控矿因素及找矿标志，建立综合信息找矿模型，科学地评价矿产潜在的位置、数量、质量等（Agterberg et al.，1993；Singer，1993，2008；Carranza and Sadeghi，2010；Partingtion，2010）。

国外一些数学地质学家早在 20 世纪 60 年代就开始基于 GIS 矿产资源评价方法的研究，如 Harris（1965）、Sinclair 和 Woodsworth（1970）、Agterberg（1971）、Singer 和 Mosier（1981）等。早期的方法主要采用数据驱动模型，即利用已知矿床地质背景和勘探工程完善的区域建立模型，应用到相似地质背景但相对缺少勘探工程的区域寻找类似矿床（Carranza，2009），然后又发展了知识驱动模型进行找矿预测（Campbell et al.，1982）。90 年代之后，随着计算机硬件和软件的发展，GIS 软件的完善，Singer（1993）提出“三部式”资源评价法，即确定地质可行地段，估计可能发现矿床的矿石数量和质量，最后确定矿床个数。Bonham-Carter（1994）介绍了利用 GIS 进行空间分析和建模，尤其针对矿床位置等感兴趣的地质体和相关空间属性（如地球化学异常）来建立预测模型。同时，Agterberg 和 Bonham-Carter 提出了证据权重法寻找目标矿床（Agterberg，1989；Agterberg et al.，1990；Bonham-Carter，1994），该方法至今仍是矿产勘查领域广泛应用的数学模型之一（Carranza，2008；Porwal and Carranza，2015）。随后，又出现了诸如逻辑回归（Reddy et al.，1991）、分形（Carlson，1991）、神经网络（Brown et al.，2000）及模糊逻辑（Porwal et al.，2003；Xiong and Zuo，2018）等方法，现今 GIS 技术已广泛应用于找矿预测或矿产资源评价领域（Harris et al.，2001；Porwal and Kreuzer，2010；Yousefi and Carranza，2015；Yousefi and Nykanen，2016）。

1.1.2 国内研究进展

在国内，应用 GIS 进行找矿预测开始于 20 世纪 80 年代中期，起步较晚，但发展较为快速。经过几十多年的发展，在矿产资源评价中取得了丰硕的成果。

一方面是逐渐形成了相对完善的理论体系并研发了矿产资源综合定量评价的相关软件。代表性的有中国地质大学基于 MapGIS 平台研发的 MORPAS 金属矿产资源评价系统（胡光道和陈建国，1998；陈永清等，2008）；吉林大学王世称等提出的综合信息矿产定量预测方法和综合信息找矿模型（王世称和王於天，1989；王世称等，2000，2001）；中国地质大学赵鹏大等提出的以地质异常、成矿多样性和矿床谱系三方面为主的“三联式”成矿预测及资源评价（赵鹏大，2002；赵鹏大等，2003）；中国地质科学院肖克炎等在 MapGIS 基础上研发的 MRAS 矿产资源评价系统（肖克炎等，1999，2000；宋国耀等，1999），以及基于矿床模型及多元地学信息的综合信息预测方法（叶天竺等，2007）和基于“奇异性-多重分形”的非线性找矿评价（Cheng，2000，2008；成秋明，2006；成秋明等，2009a，2009b）等。

另一方面是利用 GIS 技术，集成了地物化遥多元信息进行成矿规律研究和矿产资源的定性或定量预测评价。例如，张晓华等（2000）综合地层、构造、化探异常、重力场等利用 GIS 技术对我国内生金矿进行了定量预测评价。唐永成等（2000）论述了利用 GIS 建立安徽东部地区的地学信息空间数据库，运用证据权重法、多元信息统计回归方法对区内金矿床进行了矿床定位预测与资源量计算。陈永清等（2007）探讨了国内自主研发的GIS系统下矿产资源综合定量评价的思路和方法。陈建平等（2008b）以GIS技术为平台，集成地物化遥等资料，对西南三江中段进行了成矿规律的研究和矿产资源定量预测。He等（2010）在GIS环境中集成地物化遥资料，运用证据权重法对东昆仑金资源量进行了潜力评价。Wang等（2011a，2014）基于GIS技术利用重力、航磁及地化数据和空间分析方法对云南东南部矿集区进行了Sn-Cu资源和远景区预测研究。黄文斌等（2011）利用GIS技术建立了东天山地区斑岩型铜矿综合信息预测模型，进行了靶区圈定和资源量估算。截至2013年，我国已完成小比例尺全国重要矿产资源潜力评价数据的建设，并在此基础上进行了铁、金、铜等25个矿种的潜力评价工作（宋相龙等，2018）。大量研究和实践证明，采用地物化遥多元信息和GIS技术评价矿产资源是有效的，充分体现了GIS技术在矿产资源评价中的作用。

3S（GIS、GPS、RS）技术在地质领域的应用和发展，以及新的找矿预测理论的探索，为实现找矿的新技术、新理论、新方法奠定了良好的基础。基于GIS技术和多元信息集成方法有效地将矿产资源评价涉及的多学科信息融合到一起，为矿产资源定量评价与找矿预测提供技术支撑，是近年来矿产资源勘查领域的发展方向之一，也是理论-信息找矿的重要手段之一（成秋明等，2007，2009a）。截至2013年，基于GIS技术，中国地质调查局已建立了全国相关地质、矿产、地球物理、地球化学、遥感等数据库，并在不同矿产资源预测和评价中取得了良好的应用效果（左超群等，2013；宋相龙等，2018）。因此，基于GIS技术方法，充分利用地物化遥多元信息圈定找矿远景区是寻找未知矿体的有效途径。

1.2 地物化遥多元信息

多元信息找矿预测中的多元信息主要指地质资料、地球物理数据、地球化学数据和遥感数据，对这些数据的收集、整理和开发利用是找矿预测的基础和前提。

1.2.1 地质资料

地质资料主要来源于野外细致的地质调查，以及各种地质图件（地质图、矿产图、地形图、剖面图等）、表格和调查文字报告等。地质资料是对区域地质状况的基本认识，是区域地质概况最基本、最直接的信息，是矿产资源评价的基础。

当然，野外地质调查是获取地质资源最原始、最直接、最有效的方法，重点关注与矿产密切相关的地层、岩体、断裂等要素，尤其对正确认识和判别构造具有重要意义，因为构造裂隙是成矿动力、通道和富集场所，不仅控制矿床（矿体）的空间产状和分布规律，而且控制矿床（矿体）在时间上的演化特征（吴淦国，1998）。

区域地质资料可通过全国地质资料馆获取，目前资料的储存主要有纸质和数字化两种形式。获取的地质资料如一般图件和文字报告等，它们的存储都是相互独立的，即图件中的地质要素缺少岩性、年代等相关属性，不利于深层次地研究分析成矿规律，因此，需将地质图件和表格、文字报告有机地结合在一起，并管理起来形成一个数据库，通过属性调取与矿产相关的地质体，有利于总结研究区的成矿地质背景，对找矿预测具有很好的促进作用。

1.2.2　地球物理数据

矿产资源多是埋藏在地表以下，特别是内生金属矿床，难以直接寻找、观察及研究，而地球物理学方法可以定性或定量反映地下地质结构情况。应用（勘探）地球物理所包含的电法、磁法、重力和地震等方法能够解释和推测地下结构构造和矿产分布。20 世纪 50 年代人们应用地球物理方法对地球的分层和物质组成有了初步认识，随后又为地幔对流、海底扩张、全球板块等学说提供了佐证和依据（刘光鼎，2002；刘光鼎等，1997）。地球物理数据的主要作用在于提供了深部地质体的三维结构和物性参数，这在隐伏矿床预测中是独一无二的（杨晓坤，2010；袁桂琴等，2011；戚志鹏等，2012）。

伴随电子科技的发展，地球物理方法对地质体的解译有了更高的精度和灵敏度，在矿产资源勘查中有着广泛的应用，并取得了很好的成果。收集和整理地球物理数据，特别是能反映与成矿有关的地质体和构造信息，对这些异常信息采用特征点法、正反演等方法进行解释，编制与成矿密切相关的地球物理异常图件，为找矿预测提供深部数据。

1.2.3　地球化学数据

地球化学信息是最直接的找矿信息，诞生于 20 世纪 30 年代，继承了人们用肉眼观察矿化露头或矿化引起的蚀变标志来直接找矿的传统，并提高了发现难识别矿及盲矿的能力，是矿产资源评价的重要手段之一（王学求，2003；李宝强等，2010）。

截至2000年底，中国1∶20万区域地球化学已完成600多万平方千米的可扫面积，这些海量高质量数据在找矿工作中发挥了巨大的作用（王瑞廷等，2005；史长义等，2014）。前人以地球化学原生晕理论为指导建立了不同矿种（如Cu、Pb、Zn、Au、Ag、W、Mo、Sn等）的原生晕找矿模型，用于外围和深部隐伏矿的预测（邹光华等，1996；吴承烈等，1998；李惠等，1998，2011；刘崇民，2006）。

随着矿产普查的深入，浅部和地表矿产逐步减少，弱小的地球化学异常信息难以有效识别矿体，结合其他致矿异常信息找矿显得尤为重要。收集区域化探的各种原始数据和图件，分析元素组合规律和变化趋势，利用混合总体筛分法、分形滤波法、趋势面法、等值线法、梯度法等编制成矿元素及元素组合异常专题图层。这些不同元素异常或组合异常将为多元信息找矿预测提供基础。

1.2.4 遥感数据

遥感作为地质工作的一种现代化方法技术，在区域地质调查、矿产勘查及预测和生态环境调查中发挥着重要作用（Goetz et al.，1983；薛重生，1997；Sabins，1999；金庆花等，2009）。随着科学技术的不断进步，遥感数据的空间分辨率、光谱分辨率和时间分辨率都有了极大的提高。同时遥感数据有着其他技术无法比拟的特点：第一，同步观测面积大，拓展人们的视觉空间和对区域的整体认识；第二，时效性强，获取信息速度快，周期短，能够动态监测地球任意地区的自然或人文现象和变化；第三，信息获取限制少，我国西部大部分地区自然条件恶劣，难以进行详细的野外调查，但基岩出露非常好，利用遥感卫星可方便及时地获取这类地区的影像资料。

遥感影像提取的信息主要包括矿化蚀变、构造信息和岩性等。对于遥感矿化蚀变信息的提取，主要采用主成分分析、彩色合成、比值分析、神经网络分析、小波分析等方法；对构造的提取主要是利用最佳的波段组合和野外地质资料，进行人机交互解译，从而获取线性、环形及带状构造。

综上所述，地质学、地球物理学、地球化学和遥感学作为地球科学的基本学科，其研究对象都是地球，只是研究角度不同，采取的方法和技术不同，因此在研究过程中应相互补充，综合分析，得出相对正确的结论。地质资料主要是通过地质图件及野外露头和剖面的观测记录，认识各种地质体的几何形态，包括地层、构造、岩浆岩、矿体的空间产状及产出位置等，结合地质年代学确定地质体形成年代及其构造演化历史；地球物理数据是采用重力、磁力、电法和地震等方法获取地质体物理参数，再对未知区域数据进行解译，探测深部地质体形态和产状；地球化学数据是最直接的找矿信息，化探扫面数据能够直接显示不同元素的背景值及异常值，对半隐伏、隐伏矿的发现发挥重要作用；遥感数据是通过航空影像或卫星影像对地球表面及浅部地质体形态及波谱进行记录，运用适当方法解译出与成矿有关的环形或线性构造及与成矿相关的蚀变异常等。这些地学多元信息的收集、分析处理和建库，是多元信息找矿预测的前提，而 GIS 技术为地物化遥信息的集成和综合分析提供了平台。

1.3 基于 GIS 找矿预测

1.3.1 预测思路

基于 GIS 进行矿产预测主要围绕 2 个问题：一是运用哪种理论方法寻找或预测矿产资源（怎么找？），二是如何确定不同矿产资源的定位（哪里找？）。当然，如果确定某种矿床位置之后，利用必要的勘查工程可进一步定量评价资源量，即有多少的问题。怎么找，需要成矿理论和地质异常理论的指导，而 GIS 技术结合地物化遥数据是解决哪里找的方法。成矿理论，这里重点指的是针对不同类型矿产，总结其矿床特征及成矿规律的各类信息，包括成矿地质体、含矿构造、矿化蚀变等。地质异常理论，指的是在物质组成、结构、构造或成因序次上与周围环境具有显著差异的地质体或地质体组合，该理论指出有效的地物化遥异常组合能确定找矿有利地段（赵鹏大和池顺都，1991；赵鹏大等，1999）。

由于地物化遥数据包含的信息量大，数据种类繁多，人工方法难以管理和分析，但计算机和 GIS 技术为多元地学信息集成和分析提供了有力支撑。首先，基于 GIS 矿产资源评价思路是在成矿理论和地质异常理论的指导下，研究已知矿床的控矿因素，收集地物化遥及已知矿点数据并进行数字化处理，统一各类信息参数（比例尺、投影参数等），按照一定的数据格式和类型导入 GIS 软件系统，建立多元信息空间数据库和属性数据库，对综合信息进行详细研究分析和充分挖掘后，提取对成矿有利的信息；其次，通过空间分析功能量化与成矿相关的信息，运用证据权重、模糊逻辑、神经网络等对成矿信息赋予不同的系数，建立综合信息找矿模型；最后，结合研究区实际地质状况和找矿标志，在 GIS 系统中确定可能成矿的阈值，圈定不同类别的找矿远景区或靶区，并加以野外及工程验证。具体矿产资源评价的流程如图 1-1 所示。

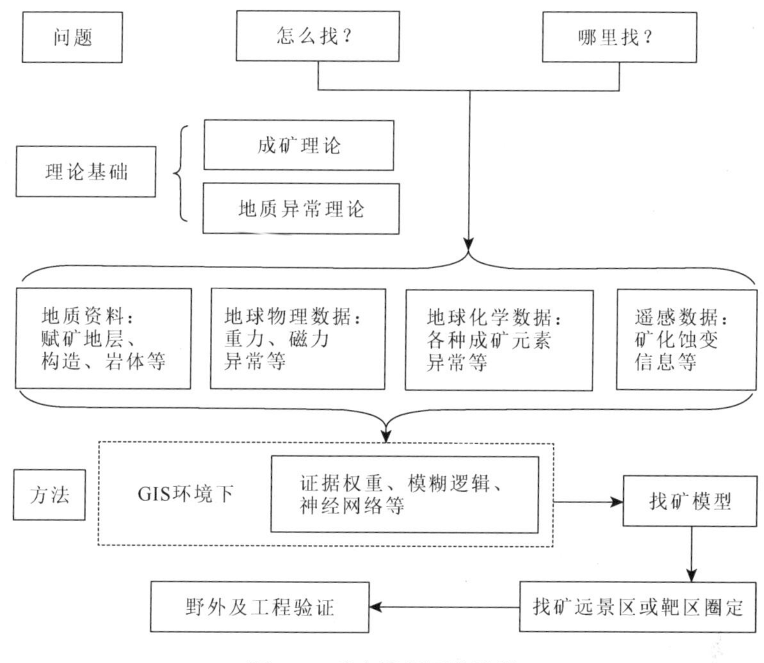

图 1-1 矿产资源评价流程

1.3.2 预测方法

在 MRAS 系统基础上，采用证据权重法进行本次找矿预测。该方法是由加拿大地质学家 Agterberg 和 Bonham-Carter 基于多元统计改进并应用于找矿预测（Agterberg，1989；Agterberg et al.，1990；Bonham-Carter and Agterberg，1990；Bonham-Carter，1994）。该方法是将不同的地学信息作为一种证据因子即图层，根据每个证据因子对成矿的影响程度设置证据因子的权重，再使用统计学方法对所有证据因子进行叠加分析，根据最终权重即后验概率，实现找矿预测。证据权重法涉及先验概率、证据权重和后验概率。

1）先验概率

先验概率的计算是根据研究区内已知矿点的多少和空间分布，在单位面积（单元格）内的成矿概率。首先将研究区划分为大小相等的 N 个单元格，其中含一个及以上矿床（点）单元个数为 D，随机选择某一单元格含矿的概率为 $P(D) = D/N$，即先验概率。

2）证据权重

对于每个证据因子，其权重为

$$W^{+}=\ln\left[\frac{P\left(\frac{B}{D}\right)}{P\left(\frac{B}{D^{-}}\right)}\right] \tag{1-1}$$

$$W^{-}=\ln\left[\frac{P\left(\frac{B^{-}}{D}\right)}{P\left(\frac{B^{-}}{D^{-}}\right)}\right] \tag{1-2}$$

式中，W^{+}和 W^{-}分别为证据因子存在区和不存在区的权重值，若原始数据缺失，则权重值为 0；B 为证据图层中因子存在的单元数；B^{-}为证据图层中因子不存在的单元数；D^{-}为无矿单元个数。

证据图层与矿床（点）相关程度表示为

$$C=W^{+}-W^{-} \tag{1-3}$$

式中，C 值大说明找矿指示较好，C 值小说明找矿指示较差；若 $C=0$，表示无找矿指示意义，$C>0$ 表示找矿信息有利于成矿，$C<0$ 表示找矿信息不利于成矿。

3）后验概率

后验概率 $P_{(后验)}$ 是在地物化遥等信息图层叠加之后计算出来，其结果反映了各种矿化异常信息对找矿的指示，表示为

$$P_{(后验)}=\exp\left[\ln\left(\frac{D}{1-D}\right)+\sum_{j=1}^{n}W_{j}^{k}\right](j=1,2,3,\cdots,n) \tag{1-4}$$

式中，W_{j}^{k} 为第 j 个证据因子的权重。

利用证据权重法进行找矿预测时要确保输入的证据图层之间相互为条件独立，若两个证据图层之间的相关性比较明显，其后验概率值就会偏高，后验概率图中的找矿远景区面积就会被放大，不利于圈定实际找矿远景区或靶区。

1.3.3 预测内容

基于 GIS 多元信息找矿预测主要包括远景区（靶区）圈定和资源量的估算，

本次找矿预测重点是不同类型矿产的远景区圈定。远景区圈定是矿产资源评价的主要成果之一，准确地圈定远景区对矿产资源评价尤为重要，而数据的选择和致矿异常信息的定量化是圈定远景区的前提和基础。GIS 数据库中的信息量非常大，包含了对成矿有利和无关的所有信息，因此，在圈定远景区之前，首先要对致矿异常信息进行检索和筛选，针对不同研究区的地质背景及矿床类型，选择不同的致矿信息。例如，沉积型矿床主要受地层、古地理、岩相和构造的控制，斑岩型矿床主要受构造、斑岩体和蚀变的约束控制，而矽卡岩型矿床主要受中酸性侵入体、围岩岩性和构造的控制。不同类型矿床致矿信息不同，同一类型矿床在不同地区致矿信息对成矿的贡献也有所差异。因此，致矿信息的筛选和定量化关系着远景区圈定的质量，建立多元信息定量预测模型需紧密结合实际工作区地质背景及成矿规律。

可见，在矿产资源评价中，远景区圈定是成矿理论和 GIS 技术的紧密结合。成矿理论是 GIS 技术的指导；GIS 技术是成矿理论得以实现的强有力工具。没有 GIS 技术找矿实践，成矿理论显得纸上谈兵；没有成矿理论，GIS 技术圈定的远景区就失去资源评价的实际意义。

资源量估算是远景区圈定的延伸和量化表现，估算一个矿体的资源量必须获取矿体品位、体积和质量。矿体品位可根据 GIS 加载的地质统计学方法、反距离权重插值法来进行有效的估算，矿体体积需结合研究区地质情况和地球物理方法来进行估算，矿体质量由多个样品统计计算得出。肖克炎等（2010）阐述了用体积法（适用于矿化均匀岩体、沉积矿床、盐湖矿床）和磁法（适用于磁性矿床）来估算预测矿产的资源量。黄文斌等（2011）阐述了预测资源量估算的五种方法，基本思想就是通过含矿建造、磁性反演、地球化学块体外推等确定潜在矿床或矿体的体积和品位，进而估算资源量。由于地学信息中地质、地球化学和遥感数据记录的是（浅）地表信息，地球物理虽可反映深部地质体却有多解性，因此，资源量估算一方面需进一步研究和完善计算方法，另一方面需收集除地球物理数据外的钻探资料，为矿产资源量估算提供实际依据。

1.3.4 结果评价

通过多元信息和 GIS 技术圈定的找矿远景区和估算的资源量，需要结合研究区的地质概况进行分析评价，将远景区进行可能有矿的级别分类，分析已知矿点和探明储量占远景区的比重等。此外，需要对远景区进行野外工作的验证，先从高级别的远景区验证，分析成矿的条件，必要时可进行地表工程的布置。若野外验证的远景区成矿效果不明显，可将信息反馈到找矿模型中，修改和优化找矿信息，重新进行找矿远景区的圈定和资源量的估算。如此预测的远景区或靶区才能够为矿产勘查工作提供一定程度的指导和帮助。

1.4 找矿预测发展趋势

多元信息找矿预测是以充分客观地收集地物化遥等多种找矿信息为基础，强调以成矿理论和地质异常理论为指导，建立地物化遥等地学信息空间数据库和属性数据库，分析各种信息和信息组合与矿床的关系，选取并定量化与成矿相关的异常信息，建立多元信息找矿预测模型，以此来分析和推断预测区的找矿前景和矿体特征（刘明亮等，2002）。大量实践证明，采用勘查地球化学、勘查地球物理、遥感地质、数学地质等现代矿产勘查理论和方法技术圈定和评价矿床是行之有效的（成秋明，2012）。

目前，GIS 技术广泛应用于矿产资源评价过程中，极大地提高了找矿预测工作的效率。GIS 技术能够有效地管理地物化遥等多元地学信息，方便快捷地实现各类地学信息的检索，并集成多种空间分析方法和定量化研究模块，为深入总结和研究成矿规律并建立综合信息找矿预测模型提供平台。但找矿预测的研究和应用多以二维定性、半定量为主，而在三维空间中，缺少相对完善的找矿方法体系，难以量化对成矿有利的地质体，进而影响找矿和矿产资源的全面评价。随着科学技术的进步、矿产地质工作的深入及找矿理论的更新，数学地质方法、GIS 及计算机信息技术将会在找矿预测中发挥越来越重要的作用，这必将推动和促进找矿预测的数字化和定量化研究。由此可见，GIS 技术作为地学信息管理和分析的现代化工具，结合成矿理论进行三维可视化找矿预测及资源定量评价是今后主要发展方向。

1.5 本 章 小 结

找矿预测是矿产资源评价的重要内容之一，涉及多学科理论，是一项综合的研究工作。基于 GIS 多元信息找矿预测是一种高效的找矿勘查方法，是当今找矿预测工作中的主要发展方向。本章的主要内容可以概括为以下几个方面。

（1）简述了多元信息找矿预测的研究现状，得出运用 GIS 技术和多元信息进行找矿预测已经取得非常丰硕成果的结论。

（2）分析了地质学、地球物理学、地球化学和遥感学是从不同角度、采取不同方法和技术对地球进行研究的基本学科。它们在找矿预测研究过程中起着不同的作用，应相互补充，综合分析，得出相对正确的结论。

（3）阐明了基于 GIS 技术的多元信息综合分析进行矿产预测的思路流程、方法及远景区的圈定和资源量的估算，评价预测的结果并进行野外验证。

（4）探讨了 GIS 在找矿预测中的发展趋势，指出 GIS 技术作为多元信息管理和分析的现代化工具，结合成矿理论进行三维可视化找矿预测及矿产资源定量评价是今后主要的发展方向。

2 阿尔金北缘区域地质背景

阿尔金山位于青藏高原东北缘，西接昆仑山，东接祁连山，位于我国西部两大盆地：塔里木盆地和柴达木盆地之间（图 2-1）。阿尔金北缘位于新疆若羌县东部的阿尔金山红柳沟—拉配泉一带，EW 向长约 280km，SN 向长约 90km，面积约 2.5 万 km^2（图 2-2）。

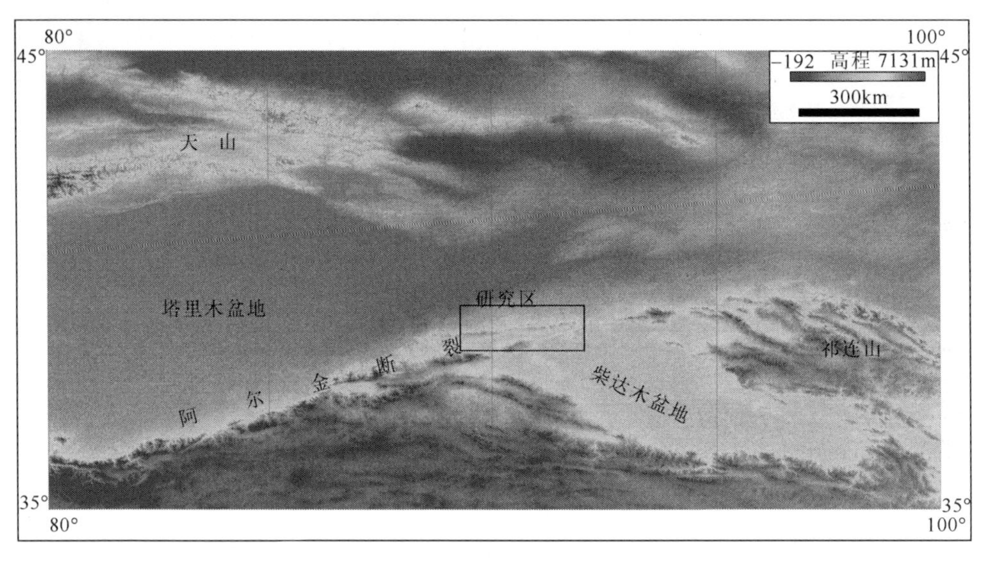

图 2-1 阿尔金地区地貌特征图

研究区海拔大多在 3000m 以上，为无人、无水（淡水）高寒山区，交通条件较差，仅有新修改道后的 315 国道从研究区西南角通过，其他均为无人修缮、由车辆自行碾压出的沟谷便道。生活物资（包括淡水）供给主要依靠青海石油管理局西部基地花土沟镇，其距研究区中心约为 240km，其次是新疆若羌县城和甘肃敦煌市区，分别距研究区中心 340km 和 380km。由于新构造活动强烈，阿尔金山山高坡陡，切割深，沟谷纵横，通行条件极差；同时阿尔金山又位于我国最干旱的塔克拉玛干沙漠南侧，干旱少雨，植被极为稀少，自然条件较为恶劣。

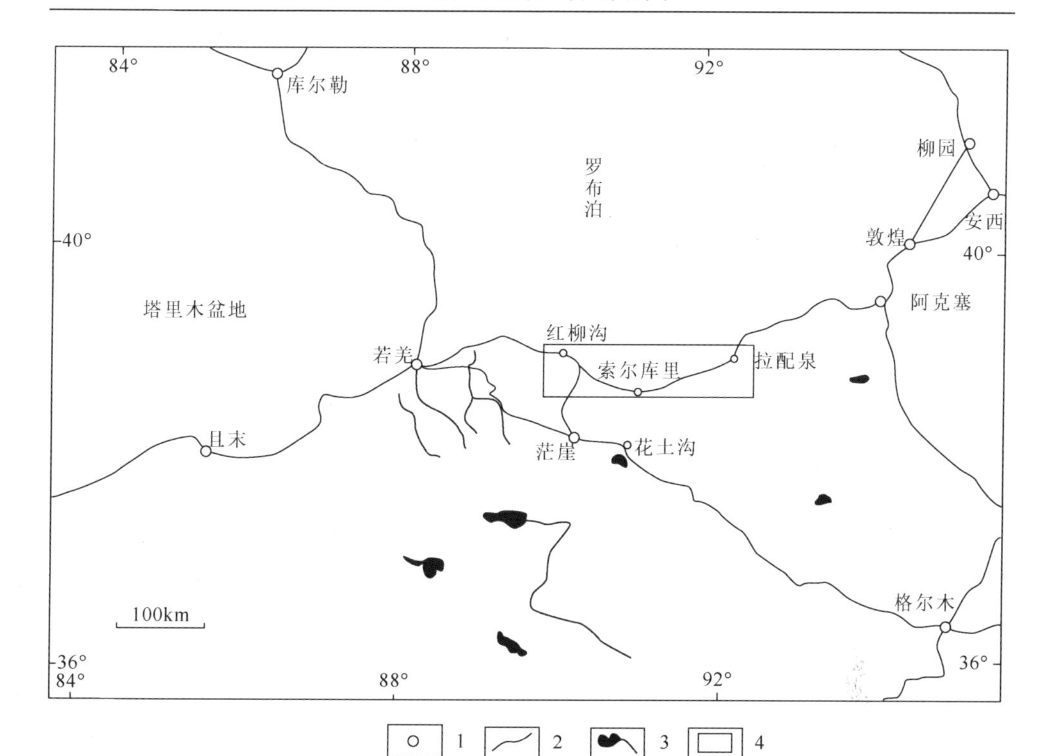

图 2-2 研究区交通位置图（据王小凤等，2004）

1. 县城、村镇；2. 主要公路；3. 水系；4. 研究区

阿尔金 NEE 向断裂带位于青藏高原北缘，是陆内巨型左行走滑断裂带，关于阿尔金地区的区域构造演化、断裂走滑时间、走滑位移量、走滑机制等已经成为 20 世纪 90 年代以来的研究热点，并取得了重要的研究成果，可归纳为下面几个方面：①阿尔金断裂的构造演化及动力学（车自成等，1995；郑健康，1995；Wang，1997；Sobel and Arnaud，1999；Yue and Liou，1999；Cui et al.，2001；Yin et al.，2002；Liu et al.，2003；刘永江等，2003；Ritts et al.，2004；郑荣章等，2004；Wang et al.，2006；陈宣华等，2009；覃小锋，2009；Wang et al.，2013；潘家伟等，2015；Zhao et al.，2016；王楠等，2017；Zhang et al.，2018；王训练等，2018）。②断裂左行走滑过程、位移、速率（Molnar et al.，1987；Yin et al.，1999；Ritts and Biffi，2000；Chen et al.，2001；Washburn et al.，2001；Meng et al.，2001；陈正乐，2002；陈正乐等，2001a，2002b；Chen et al.，2003；Yue et al.，2001，2004；Meriaux et al.，2004；陈柏林等，2010；Gold et al.，2011；裴军令等，2016；Zhang et al.，2018）。③断层活动机制（Yang，1997；Zhou and Pan，1999；Rumelhart et al.，1999；Cowgill et al.，2000，2003；Chen et al.，2002；刘亢等，2018）。④年代学

及山体隆升剥露（Zhou and Graham，1996；Jolivet et al.，1999，2001；Zhang et al.，2001；万景林等，2001；王瑜等，2002；张建新等，2001，2007；陈正乐等，2001b，2005，2006a；Sun et al.，2005；Liu et al.，2007；刘永江等，2007；张志诚等，2008；Wu et al.，2012a；孙岳等，2014；Li et al.，2015；徐芹芹等，2015；Zhang et al.，2017b；Shi et al.，2018）。⑤遥感解译、评价、矿物填图（迟国彬和李岩，1996；张微等，2010；孙卫东等，2010；周永贵，2013）。⑥高压变质带、韧性变形及剪切机制（张建新等，1998；刘良等，1999；许志琴等，1999）。⑦构造应力场及成矿规律（陈正乐等，2002a；毛德宝等，2006a，2006b）。此外，还有从多方面系统研究阿尔金的专著（新疆维吾尔自治区地质矿产局，1993；崔军文等，1999；王小凤等，2004）。

阿尔金北缘地区在阿尔金 NEE 向构造带与北祁连构造带西段的交汇复合部位，北接塔里木盆地南缘，南侧以柴达木盆地北缘的断裂带为界。从板块构造上看，阿尔金山地区处于中朝-塔里木板块南侧边缘，南侧隔柴达木盆地与青藏高原的羌塘地块遥相呼应（图 2-3）。

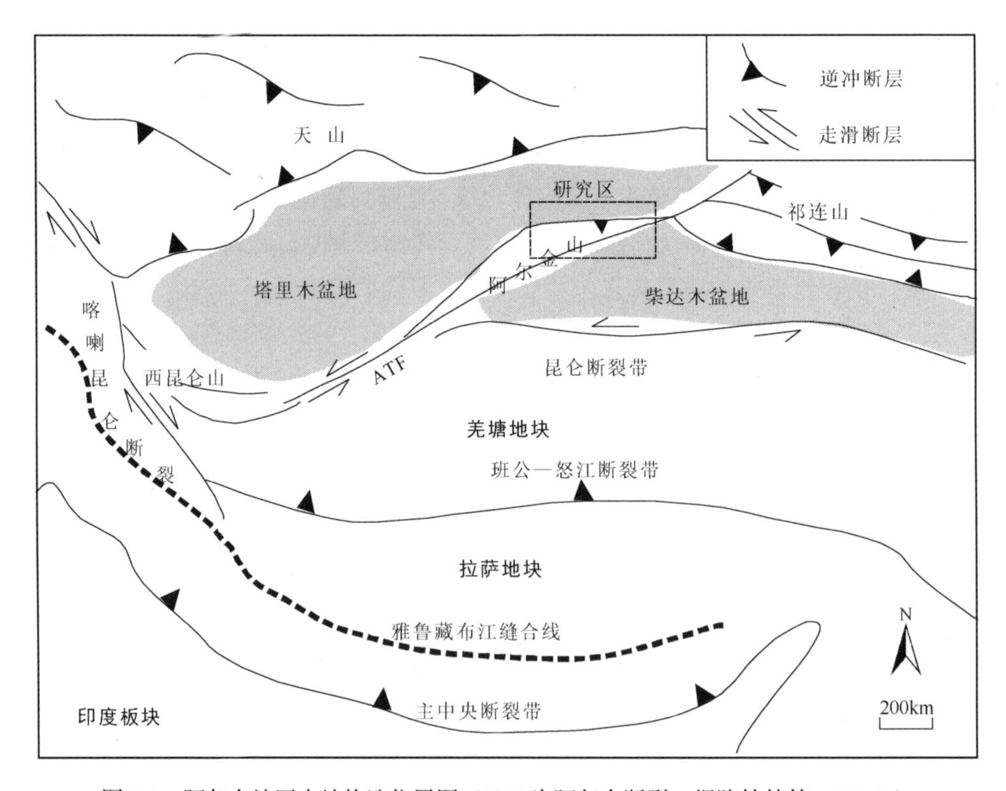

图 2-3　阿尔金地区大地构造位置图（ATF 为阿尔金断裂；据陈柏林等，2016b）

研究区地广人稀，交通不便，地形起伏大，不利于野外工作和工程探矿。相对于整个阿尔金构造带的研究，阿尔金北缘在近十多年才开始有详细的研究和报道。例如，阿尔金北缘大平沟金矿床成因、赋矿围岩年龄及构造变形研究（杨风等，2001；李学智等，2002；陈宣华等，2002；陈柏林等，2002，2005，2008，2011；何江涛等，2016）；关于阿尔金北缘索尔库里北山铜银矿床的控矿构造研究（陈柏林等，2003）；阿北花岗岩体年龄研究（陈宣华等，2003；戚学祥等，2005；吴才来等，2005；孟令通等，2016；彭银彪等，2018）；阿尔金北缘地区铜金矿床硫同位素研究（李月臣等，2007）；阿尔金北缘枕状玄武岩特征研究（修群业等，2007）；喀腊大湾铁矿带、岩石地球化学特征研究（张峰等，2008；陈柏林等，2009，2015，2016a，2016b；郝瑞祥等，2013；李松彬等，2013；刘锦宏等，2017；Wang et al.，2017，2018a，2018b）；红柳沟蛇绿岩岩石学及定年研究（杨经绥等，2008）；喀腊达坂铅锌矿矿床特征及成因探讨（崔玲玲，2010；陈柏林等，2017；张辉善等，2018）；阿北银铅矿控矿构造特征与矿床成因研究（陈柏林等，2012）；阿尔金北缘冰沟及喀腊大湾等地中酸性侵入岩年代学研究（韩凤彬等，2012），以及岩石的韧脆性变形和推覆构造（吴玉等，2016；陈柏林，2018）等。从前人的研究可见，阿尔金北缘地区的研究主要集中于矿床学、地球化学、构造地质学、地质年代学和岩石学等方面，目前涉及地物化遥多元信息找矿预测的研究相对薄弱。

前人研究认为，阿尔金北缘经历了太古宙塔里木陆核发育阶段，元古宙稳定地台、大陆裂解阶段，古生代阿尔金洋形成、俯冲和造山阶段，中生代陆壳发育、弧后伸展阶段，新生代断裂走滑、山体隆升剥露及盆地形成等阶段（新疆维吾尔自治区地质矿产局，1993；王小凤等，2004）。下面从地层、构造、岩浆岩、变质作用四方面对研究区地质概况进行简述。

2.1 地　　层

研究区地层从太古宇到新生界均有出露（图 2-4）。

2.1.1 太古宇

分布在阿尔金北缘北部，据《新疆维吾尔自治区区域地质志》，该区的新太古界称为米兰群（新疆维吾尔自治区地质矿产局，1993），岩系为一套高、中温变质

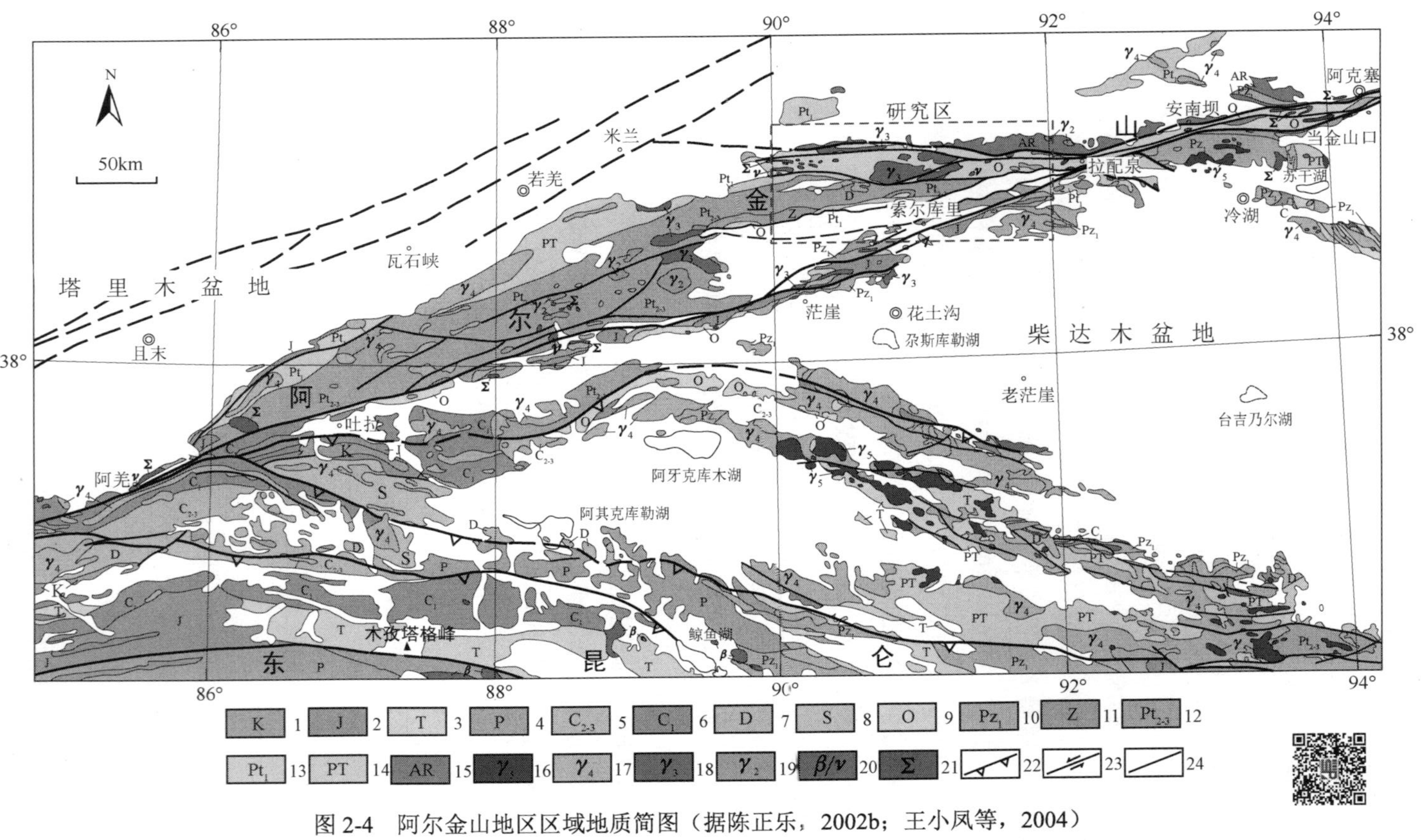

图 2-4　阿尔金山地区区域地质简图（据陈正乐，2002b；王小凤等，2004）

1. 白垩系；2. 侏罗系；3. 三叠系；4. 二叠系；5. 中上石炭统；6. 下石炭统；7. 泥盆系；8. 志留系；9. 奥陶系；10. 下古生界；11. 震旦系；12. 中-新元古界；13. 古元古界；14. 元古宇；15. 太古宇；16. 中生代花岗岩类；17. 晚古生代花岗岩类；18. 早古生代花岗岩类；19. 元古宙花岗岩类；20. 基性岩（β 玄武岩/ν 辉长岩）；21. 超基性岩；22. 逆断层及逆冲断层；23. 走滑断层；24. 断层；空白区为新生界

的高角闪岩相-麻粒岩相变质岩系，岩石组成为斜长角闪岩、片麻岩、麻粒岩、变粒岩和条带状混合岩等。其原岩可能由含富镁质玄武岩、拉斑玄武岩和钾高的酸性火山岩组成。该套地层与上覆元古宇多为断层接触，局部可见不整合（王小凤等，2004）。

2.1.2 元古宇

1）古元古界

主要分布于阿尔金北缘北部，岩系组成以一套低角闪岩相为主的变质岩，岩石组成为角闪斜长变粒岩、角闪片岩、黑云石英角闪片岩、长石黑云角闪片岩及大理岩等，顶底面均遭侵蚀，原岩可能为火山复理石-碳酸盐岩建造。

2）中-新元古界

长城系巴什库尔干群：分布于红柳沟一带，呈现东西向延伸，与下覆地层呈断层接触，与上覆地层呈不整合接触。可分扎斯勘赛河组、红柳泉组和贝克滩组。岩石组合主要为火山碎屑岩、角闪石（阳起石）角岩、云母片岩、（堇青石）二云石英片岩、黑云斜长片麻岩、石英岩、硅质岩、砂岩及灰岩。

蓟县系塔昔达坂群：主要分布于卓阿布拉克、索尔库里北山、金雁山一带，在区内分布较广，与上覆青白口系索尔库里群呈角度不整合接触。该群可分卓阿布拉克组、木孜萨依组和金雁山组。岩石组合主要为浅变质碎屑岩、片岩类、片麻岩类、碳酸盐岩等。

青白口系索尔库里群：分布于冰沟南，与下部蓟县系塔昔达坂群呈角度不整合，上部与下奥陶统额兰塔格组也呈角度不整合。该群可分乱石山组、冰沟南组、平洼沟组和小泉达坂组，岩石组合为片理化砂岩、含砾砂岩、灰岩、硅质条带、白云岩、碎屑岩、局部大理岩和片岩等。

3）新元古界震旦系

分布在巴什考供南和安南坝等地，岩石组成主要为绿片岩相区域浅变质岩和部分低角闪岩相岩石。下部为细砾岩、石英岩、含砾石英粗砂岩等，中上部为石英岩及白云岩夹白云质灰岩。

2.1.3 古生界

研究区缺失志留系和二叠系。

1）寒武系

主要分布于滩涧山、大平沟和喀腊大湾一带，呈东西向延伸，是一套火山-沉积岩系，夹灰岩透镜体及薄层。角度不整合于蓟县系浅砾岩之上，与上部地层呈整合接触。可分喀腊大湾组和塔什布拉克组，岩性主要为玄武岩、安山岩、流纹岩、灰岩、砂岩、泥灰岩、泥岩夹砾岩。

2）奥陶系

分布于巴什考供、喀腊大湾和索尔库里地区，岩石组合为一套火山-沉积岩系和滨海-浅海沉积的碎屑岩-碳酸盐岩（图 2-5）。下部岩石组合为火山-沉积岩、砂岩、粉砂岩夹碎屑灰岩，中部为厚层灰岩、灰色薄层状灰岩，少见砂岩，上部为中厚层、薄层灰岩、结晶灰岩夹粉砂岩。以巴什考供南断裂为界，分为南区碳酸盐岩沉积和北区碎屑岩沉积。南区碳酸盐岩建造底部与青白口系不整合接触，顶部被断层切割，厚约 500m。北区碎屑岩底部与蓟县系呈不整合，顶部接触关系不明，厚约 900m。

(a)

(b)

图 2-5　恰什坎萨依地区奥陶纪砾岩（a）及碳酸盐岩（b）（拍摄者：孙岳）

3）泥盆系

仅分布于恰什坎萨依和巴什考供局部地区，出露较少。岩石组合为一套千枚岩化-片理化灰黑色碳质泥岩、粉砂岩。

4）石炭系

分布呈条带状和零星状，受构造控制，岩性较为单一，以碎屑岩为主夹碳酸盐岩、碳质页岩及煤层。索尔库里地区上石炭统因格布拉克组可分为下段中厚层灰岩、生物灰岩，上段石英砂岩、砂砾岩、细粒砂岩和粉砂岩等碎屑岩。

2.1.4　中生界

研究区中生界仅出露侏罗系，主要分布于研究区南部阿尔金断裂以南，岩性组合为紫红-灰绿色砂砾岩夹泥质粉砂岩、页岩及煤层。中下侏罗统叶尔羌群分布于拉配泉、红柳沟及因格布拉克等地，岩石建造为一套河湖相粗碎屑岩夹煤层，岩石组合主要为砾岩、砂岩、粉砂岩及泥岩。下部不整合于元古宇、石炭系，上部接触关系不明。

2.1.5　新生界

1）古近系和新近系

主要分布于索尔库里北盆地、贝克滩北、巴什考供盆地、索尔库里盆地等地区，岩性主要为一套河湖相沉积岩，顶部与第四系呈不整合，底部与老地层呈断层或不整合接触。自老至新可分为：干柴沟组，岩性以泥岩和泥灰岩为主；油砂山组，岩性以杂色泥岩、含砾砂岩及泥质粉砂岩为主；狮子沟组，岩性以泥质粉砂岩、细砾岩和细砂岩为主。

2）第四系

分布面积广泛，成因类型较多，以陆相沉积为主。下更新统以湖相沉积为主，中更新统为冰碛物、洪积物，上更新统为洪积物；全新统主要为湖积、坡积、冲积、风成堆积、沼泽堆积及冰川堆积等，分布在山麓及山间谷地等地。

2.2　构　　造

研究区位于阿尔金北缘断裂与阿尔金 NEE 向主断裂所夹持区域，经历了早古生代北阿尔金古洋壳俯冲、碰撞及造山过程，中-新生代区域伸展及左行走滑活动。多期的构造事件形成了本区相当复杂的构造组合现象，以褶皱、断裂和韧性剪切为主要表现样式（图 2-6）。在中生代以前，研究区受近 SN 向挤压作用，形成近 EW 向的阿尔金北缘构造带及次级 NEE 向和 NWW 向的共轭剪切构造；中生代时期，受 NNW-SSE 向的挤压作用，区内形成红柳沟—拉配泉断裂带的右旋剪切伸展构造

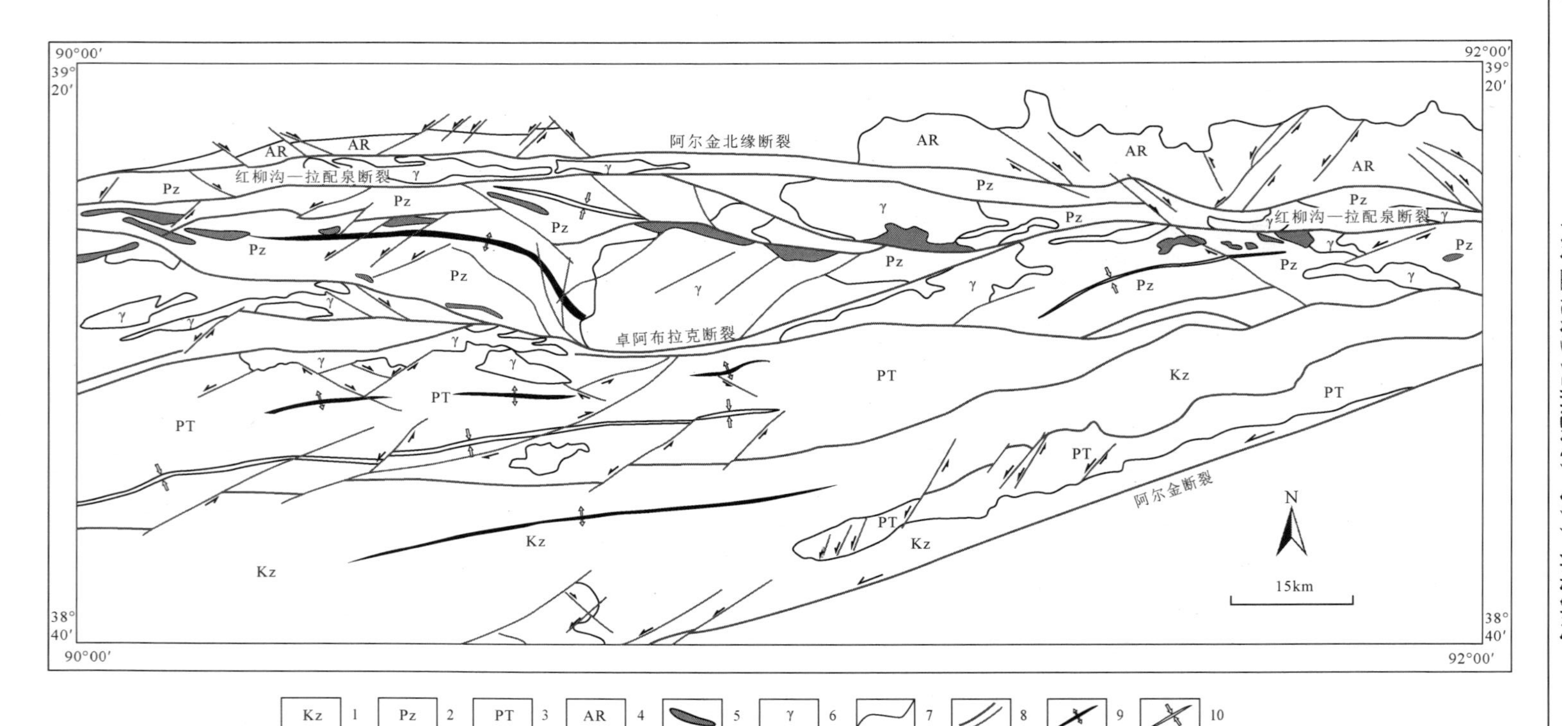

图 2-6 阿尔金北缘地区构造地质简图（据王小凤等，2004）

1. 新生界；2. 古生界；3. 元古宇；4. 太古宇；5. 基性-超基性侵入岩；6. 中酸性侵入岩；7. 地质界线；8. 主要/次要断层；9. 背斜；10. 向斜

及次一级 NEE 向和 NEE 向的张剪与压剪构造，以及阿尔金边界挤压构造带；在新生代，受 NNE-SWW 向的挤压作用，形成了阿尔金断裂带。

2.2.1 褶皱

研究区发育的一级褶皱为红柳沟—拉配泉复向斜，呈东西向展布于整个研究区，复向斜南翼由元古宙沉积岩系组成，北翼由新太古代变质岩和局部元古宙沉积岩系组成，复向斜核部主要组成岩系是古生代的火山-沉积岩。复向斜南北两翼和核部均发育多数次级褶皱，如北翼由新太古代片麻岩构成的一个开阔背斜构造。沿复向斜两翼及中部侵入各种岩浆岩，按与大地构造演化关系和成因类型可分为两大类：一是分布在复向斜中部偏北地区的基性-超基性侵入岩，主要与古元古代末至早古生代裂谷张开、洋壳发育及俯冲碰撞有关；二是中酸性岩浆岩，发育在碰撞带内，与碰撞前、碰撞期及碰撞后有关，年龄分别为 520～500Ma、490～470Ma 和 440～410Ma（韩凤彬等，2012）。

在研究区东部发育另一规模较大的喀腊大湾复向斜，属红柳沟—拉配泉复向斜的次一级褶皱。该褶皱南翼组成为元古宙沉积岩系，北翼主要组成为新太古代片麻岩和局部元古宙沉积岩系，核部为早古生代火山-沉积岩系。其中核部又发育多个次一级褶皱构造。

2.2.2 断裂

研究区断裂构造发育强烈，大规模断裂按走向可分为 NEE 向和近 EW 向两组，NEE 向断裂为阿尔金断裂和卓阿布拉克断裂，近 EW 向断裂有红柳沟—拉配泉断裂和阿尔金北缘断裂（图 2-6）。另外，小规模断裂在该区也很发育。

1）阿尔金断裂

阿尔金断裂是我国规模较大的走滑断裂之一，整体呈 NEE 走向延伸约 1500km，阿尔金断裂位于研究区内的东南部，沿新疆与青海交界，呈 NE70°走向延伸，在研究区内出露约 200km，在地貌上表现为明显的线形（图 2-1、图 2-3 和图 2-4）。断裂沿索尔库里走廊南缘出露，断裂东南侧为大通沟北山和索尔库里走廊南山，西北侧为索尔库里北山、索尔库里北盆地及索尔库里走廊。

阿尔金断裂两侧地质体存在明显差异：在断裂西北侧广泛出露的地层为下古生界和中元古界蓟县系，火山岩出露广泛，侵入岩时代主要为早古生代；在断裂东南侧出露的地层主要为中元古界蓟县系，火山岩发育较少，侵入岩时代主要为晚古生代。

在野外调研中，沿拉配泉—喀腊大湾一线可见很多断层陡坎和错断水系（图 2-7），标志阿尔金断裂在新生代具有强烈活动特征。此外巨大的走滑作用也截切了先存的红柳沟—拉配泉复向斜及次级喀腊大湾复向斜，对区域的构造成矿带也有破坏和改造作用。

图 2-7　阿尔金断裂带（索尔库里段）断层陡坎地貌（镜头向南，拍摄者：陈柏林）

2）卓阿布拉克断裂

卓阿布拉克断裂位于红柳沟—拉配泉复向斜内部，自冰沟岩体南侧，切穿并错断岩体，经卓阿布拉克到大平沟与阿尔金北缘断裂合并，走向与阿尔金主断裂一致，呈 NE70°延伸，全长约 70km。断裂东南侧为塔什布拉克组沉积岩，岩性主要为泥灰岩、泥岩、粉砂岩及砂岩；西北侧为木孜萨依组火山岩，浅变质。对比断裂两侧岩体的化学性质，具有相似的地化特征，由此推断卓阿布拉克断裂左行走滑位移为 16～18km。

3）红柳沟—拉配泉断裂

红柳沟—拉配泉断裂贯穿研究区中北部，是研究区规模较大的 EW 向断裂，西起红柳沟中段，经恰什坎萨依中北段、贝克滩、大平沟、阿北银铅矿南及白尖山，到托拉恰普泉南一带，在研究区内出露长约 240km。

红柳沟—拉配泉断裂在研究区东段（大平沟—托拉恰普泉）主要发育在早古生代浅变质火山沉积岩中，西段（红柳沟—大平沟段）主要发育在蓟县纪木孜萨依组时期变质火山岩中，该断裂构成了塔什布拉克组沉积岩和喀腊大湾组火山岩的分界线。此外，红柳沟—拉配泉断裂还有两个重要特点，一是沿断裂广泛发育超基性岩体，如贝克滩东南角和西北角、白尖山—托拉恰普泉地区，这些超基性岩体同研究区的堆晶辉长岩、枕状玄武岩和硅质岩一起构成蛇绿岩套，代表了板块俯冲碰撞后洋壳的残留。二是在断裂带内广泛发育韧性-韧脆性变形，主要表现在各种岩石的变形构造中，包括基性-超基性岩、花岗岩、灰岩、砾岩、砂岩等。

4）阿尔金北缘断裂

阿尔金北缘断裂贯穿于研究区北部，是区内规模最大的EW向断裂构造，出露空间位置与红柳沟—拉配泉断裂平行，长度近似。北缘断裂北侧均为新太古代米兰群时期深变质岩，南侧分东西两段，西段（红柳沟—大平沟）南侧为长城纪红柳泉组时期中浅变质岩；断裂东段（大平沟—托拉恰普泉）南侧为早古生代喀腊大湾组时期火山岩。

阿尔金北缘断裂是研究区重要的断裂构造，虽然走向上与南侧红柳沟—拉配泉断裂相近，但在构造意义及演化历史方面存在明显差异：北缘断裂是塔里木地块与红柳沟—拉配泉裂谷带的分界线，形成时代较早，而红柳沟—拉配泉断裂与研究区蛇绿岩套密切相关并在地理空间上同地产出，是洋盆闭合碰撞带，保留洋壳的残留。

2.2.3 韧性剪切带

研究区韧性剪切带在区域地质图及野外露头上表现非常明显，自红柳沟、恰什坎萨依至大平沟以东地区，宽1～5km，长约200km，下面分西段（红柳沟—恰什坎萨依—贝克滩）和东段（大平沟及以东）讨论。

1）西段韧性剪切带

西段红柳沟—恰什坎萨依—贝克滩一带表现为明显韧性剪切变形特点（图2-8），走向280°～300°，向南倾斜，倾角65°～80°。在韧性剪切带内发育典型糜棱岩和S-C组构，从韧性剪切带总体延伸方向和糜棱岩面理产状之间的锐夹角关系、剪切带内旋转碎斑定向排列的特点及不对称微褶皱标志，可反映出剪切带右行剪切的相对运动方向。

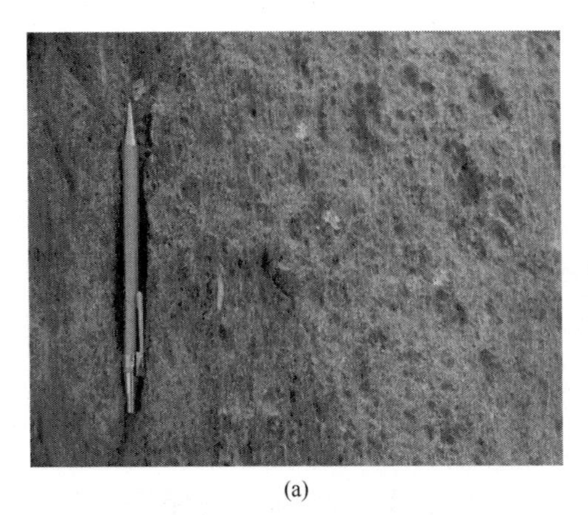

(a)

(b)

图 2-8　恰什坎萨依韧性剪切带中的旋转碎斑（a）和不对称微褶皱（b）（拍摄者：孙岳）

2）东段韧性剪切带

大平沟及以东韧性剪切带总体呈 EW 向展布，局部可划分出多条呈舒缓波状延伸的次级变形带，剪切带围岩为新太古代达格拉格布拉克群时期钾长片麻岩和古生代奥陶纪钾长变粒岩。剪切带内发育岩石线理、面理及同构造变形的新生矿物绢云母和矿物定向组构（图 2-9）。面理面上矿物的生长线理产状多具有中等的侧伏角，向东侧伏，可判断韧性构造变形特征为右行逆冲。根据韧性构造变形带的空间展布和组合规律可分南北两个亚带，呈弧形相向延伸，中间为构造变形较弱的透镜体。

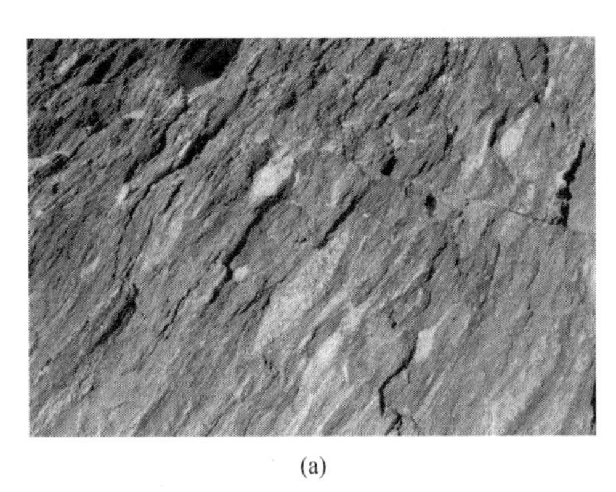

(a)

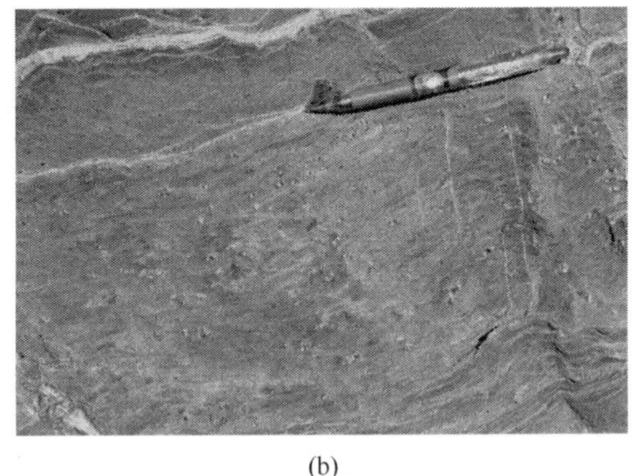

(b)

图 2-9　大平沟地区强变形火山岩（a）和泥质板岩压力影构造（b）（拍摄者：孙岳）

2.3　岩　浆　岩

阿尔金北缘岩浆活动强烈，出露面积约占研究区面积的 10%，岩浆岩类型从超基性到酸性均有发育（图 2-6）。

2.3.1　基性-超基性侵入岩

研究区基性-超基性侵入岩主要分布在阿尔金北缘红柳沟—拉配泉一带，主要呈小岩体、岩株状产出，空间上呈 EW 向展布，且有一定的规律性：在西段红柳沟—贝克滩一带超基性、基性岩均有出露；中段恰什坎萨依沟—卓阿布拉克一带出露以基性侵入岩为主；东段白尖山、塔什布拉克出露以超基性岩为主。

基性岩出露面积较大的地区在红柳沟和卓阿布拉克一带，岩性为辉长岩，矿物既有隐晶质又有显晶质，多呈岩脉、岩墙产出，脉宽 1～3m，围岩为长城纪和蓟县纪浅变质岩，在冰沟地区基性岩被后期中酸性岩体侵位或被断层错位。西段超基性岩侵位于蓟县纪和长城纪变质岩中，东段超基性岩体主要侵位于寒武纪喀腊大湾组时期和塔什布拉克组时期沉积岩中，岩性主要为辉石橄榄岩、橄榄辉长岩和橄榄岩，可见浸染状、块状磁铁矿，出露地表的岩石大多发生强烈的蛇纹石化（图 2-10）。

(a)

(b)

图 2-10　贝克滩南蛇纹石化超基性岩（a）和拉配泉东辉绿岩脉（b）（拍摄者：孙岳）

2.3.2　中酸性侵入岩

中酸性侵入岩出露面积相对多于基性超基性岩体，约占新生代之前地层面积的 16%，岩石类型包括闪长岩、花岗闪长岩、花岗岩等。研究区中酸性侵入岩成岩时代以早古生代为主，少量元古宙、晚古生代和中生代侵入岩。

1）早古生代中酸性侵入岩

早古生代中酸性侵入岩以钙碱性钾长花岗岩为主，包括冰沟岩体（又称卓阿布拉克岩体，研究区最大岩体）、巴什考供岩体、大平沟岩体、喀腊大湾南岩体、阿北岩体。冰沟岩体位于研究区中部偏西，出露面积约 600km^2，呈不规则椭圆状。组成岩石为似斑状黑云母花岗岩（图 2-11）、中细粒黑云母花岗岩。

(a)

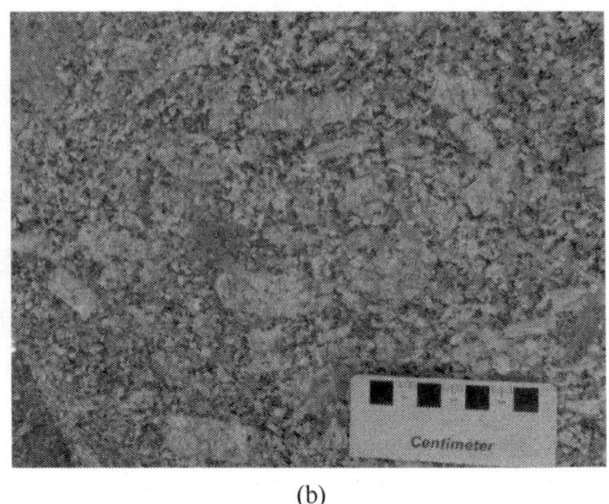

(b)

图 2-11 冰沟似斑状黑云母花岗岩（拍摄者：孙岳）

关于冰沟岩体形成年代，新疆维吾尔自治区地质矿产局（1981）认为是新元古代侵入岩，陈宣华等（2003）得出岩体西南部分锆石 U-Pb 年龄为（443±5）Ma，杨子江（2012）测得岩体中北部锆石 U-Pb 年龄为（433.7±3.8）Ma 和（434.2±5.8）Ma。本书通过锆石 U-Pb 测年得出卓阿布拉克西岩体东段年龄为（439.6±3.5）Ma 和南侧被卓阿布拉克断裂错断的年龄为（445.5±4.5）Ma。这些数据表明冰沟岩体形成时代为晚奥陶世至早志留世。

巴什考供岩体出露面积约 100km^2，被巴什考供新生代盆地覆盖而出露于盆地南北两侧，呈 EW 向条带状展布。巴什考供岩体为一杂岩体，岩石组成为灰白色、粉红色花岗岩、花岗闪长岩、石英闪长岩、似斑状花岗岩及巨斑状花岗岩等，局部发育浅灰色花岗伟晶岩。吴才来等（2005，2007）获得该岩体南北侧 4 个粉红色和灰白色花岗岩样品 SHRIMP 年龄为 434.6～431.1Ma，盆地南缘巨斑状花岗岩 SHRIMP 年龄为（481.6±5.6）Ma。杨子江（2012）测得该岩体中东段锆石年龄为（475.8±3.4）Ma。这些数据表明该岩体侵入活动有 2 期。

大平沟岩体出露面积约 150km^2，位于研究区中北部，紧邻阿尔金北缘断裂以南，侵位于太古宙片麻岩、长城纪红柳泉组时期浅变质岩和寒武纪喀腊大湾组时期火山岩中。岩性主要有花岗闪长岩、黑云母花岗岩、正长花岗岩等。杨屹等（2004）测得大平沟西岩体锆石年龄为（485±10）Ma，韩凤彬等（2012）通过锆石测年获得该岩体西段和东段年龄分别为（476.7±3.5）Ma 和（477.1±4.7）Ma，这 3 个年龄代表了大平沟岩体成岩时代为奥陶纪。

喀腊大湾南岩体出露面积约 $10km^2$，位于研究区东部，紧邻喀腊大湾铁矿带南侧，侵位于寒武纪喀腊大湾组时期火山岩和塔什布拉克组时期沉积岩。岩性为花岗闪长岩、石英闪长岩和正长花岗岩等。韩凤彬等（2012）测得该岩体东段 7910 铁矿以南正长花岗岩锆石年龄为（479±4）Ma，西段八八铁矿南的石英闪长岩锆石年龄为（477±4）Ma，这 2 个年龄说明该岩体成岩时代为早古生代奥陶纪。

阿北岩体出露面积约 $20km^2$，位于阿尔金北缘断裂和喀腊大湾交汇部位及东侧，侵位于太古宙片麻岩、长城纪红柳泉组时期浅变质岩和寒武纪喀腊大湾组时期火山岩及塔什布拉克组时期沉积岩。岩性为二长花岗岩、似斑状二长花岗岩等。韩凤彬等（2012）获得该岩体东北段锆石年龄为（417±5）Ma，西南段似斑状二长花岗岩锆石年龄为（431±4）Ma。这 2 个数据表明该岩体侵位时代为志留纪。

2）其他时代中酸性侵入岩

元古宙中酸性侵入岩主要分布于研究区中段和东段喀腊大湾沟口至东北角一带，侵位于阿尔金北缘断裂以北的新太古代深变质岩中，岩性为闪长岩、花岗闪长岩、石英闪长岩、云英闪长岩和正长花岗岩等，岩石多发生变质作用，具有定向构造，呈 NW—NNW 走向。晚古生代中酸性侵入岩主要位于研究区东侧青海和新疆交界部位，岩性为闪长岩、花岗闪长岩、二长花岗岩等。中生代中酸性侵入岩在研究区出露很少，仅在塔什布拉克西侧有所出露，岩性为正长花岗岩，主要侵位于喀腊大湾组火山岩、塔什布拉克组沉积岩和早古生代侵入岩中。

2.3.3 火山岩

阿尔金北缘火山岩发育较多，分布广泛，时代以早古生代为主，少量太古宙和元古宙。由于早古生代以前的地层岩石经历了不同程度的变质作用，在早古生代以前的火山岩均发生了变质作用。新太古代高角闪岩相-麻粒岩相的区域变质岩中，其原岩多为中酸性火山岩，拉斑玄武岩或富镁质玄武岩。元古宙火山岩主要分布在研究区的红柳沟—卓阿布拉克一带，多发生中等程度的变质作用，以变质玄武岩-安山岩-流纹岩组合为主。

研究区位于红柳沟—拉配泉裂谷，火山活动强烈，各类火山岩均有出露，因此，在早古生代，研究区火山岩最为发育。岩石呈现中基性和中酸性双峰式特点。中基性火山岩在研究区恰什坎萨依、喀腊大湾、拉配泉等地均有出露，岩性主要有玄武岩、含辉石斑晶玄武岩、气孔杏仁玄武岩等，基性火山岩发育典型的枕状构造，呈现海底喷发特点（图 2-12）。

(a) 恰什坎萨依地区枕状玄武岩

(b) 喀腊大湾地区枕状玄武岩

(c) 拉配泉地区枕状玄武岩（一）

(d) 拉配泉地区枕状玄武岩（二）

图 2-12　研究区枕状玄武岩（拍摄者：陈正乐，孙岳）

中酸性火山岩主要发育在芦草沟、喀腊大湾、喀腊达坂一带，多发生变质作用，原岩岩性为流纹岩、英安岩、霏细岩等，伴随火山碎屑岩，如凝灰岩、熔结凝灰岩等。在芦草沟和喀腊达坂，变质的中酸性火山岩是铅锌矿的赋矿围岩，地表可见黄钾铁矾、褐铁矿化等蚀变（图 2-13）。

(a)芦草沟酸性火山岩，含黄钾铁矾、方铅矿矿化

(b)喀腊达坂中酸性火山岩，地表褐铁矿化

图 2-13　研究区矿化蚀变中酸性火山岩（拍摄者：孙岳）

2.4　变 质 作 用

研究区漫长的构造演化和岩浆活动造就了复杂的变质作用，并形成了一系列变质岩石。该区的变质作用主要有动力变质作用、区域变质作用和热接触变质作用。

2.4.1　动力变质作用

阿尔金地区在早古生代晚期发生洋壳俯冲、地块碰撞，导致了大规模动力变质作用。本区变质作用发育在未变质或轻微变质的岩石中（进变质作用）及在岩浆岩和高级变质岩中（退变质作用），最典型的动力变质作用是形成了区内韧性-韧脆性变形带和阿尔金北缘高压变泥质岩带。

1）韧性-韧脆性变形带

在阿尔金北缘断裂带和红柳沟—拉配泉断裂带均发育有韧性-韧脆性变形带，该变形带与断裂构造密切共生，穿插在各种地层岩石中。在阿尔金北缘断裂带中发育的韧性变形使得新太古代片麻岩发生绿片岩相的动力退变质作用，形成各种糜棱岩。与红柳沟—拉配泉断裂带伴生的韧脆性变形带主要发育在一系列的火山岩、侵入岩和沉积岩中。韧性-脆韧性变形带和动力变质作用发生在早古生代，与区域板块碰撞时期一致。

2）阿尔金北缘高压变泥质岩带

在研究区北缘红柳沟—拉配泉一带发育有一条近 EW 向的高压变质岩带，岩石类型主要为二云母石英片岩、石榴子石白云母石英片岩、大理岩及各种片岩、片麻岩等，主要矿物为石榴子石、绿泥石、多硅白云母、硬绿泥石、电气石等，局部可见白云石和文石。

2.4.2　区域变质作用

研究区北缘的新太古界米兰群普遍经历了高中温的区域变质作用，以高角闪岩相和麻粒岩相为变质相，代表性矿物为单斜辉石和紫苏辉石，发生强烈的混合岩化。岩石类型主要为各类片麻岩，如黑云斜长片麻岩、黑云角闪片麻岩、黑云钾长片麻岩、花岗片麻岩、角闪岩、角闪斜长岩等。刘永顺等（2010）利用 SHRIMP 年代学认为米兰群麻粒岩相变质作用发生在 2.5～2.4Ga 时期。原岩主要为玄武岩系列夹部分灰岩、砂岩等。古元古代阿尔金群经历了中温区域变质作用，变质相为绿片岩相，局部有低角闪岩相。岩石类型为黑云石英片岩、黑云母角闪石英片岩和大理岩等，原岩应为中基性火山岩-碎屑岩建造。中元古代变质岩属绿片岩相的区域低温变质作用，包括长城纪和蓟县纪变质岩，原岩为碎屑岩和碳酸盐岩。奥陶纪变质岩变质相为低绿片岩相，矿物组合为斜黝帘石和阳起石，原岩为火山-沉积建造。

2.4.3　接触变质作用

热接触变质作用主要与中酸性侵入岩密切相关，在研究区中酸性侵入岩较发育，因而也存在热接触变质作用。当围岩为碳酸盐岩时，中酸性岩浆岩侵入易发生大理岩化，如喀腊大湾地区的灰岩和泥质灰岩因岩体侵入形成大理岩和透闪石大理岩。当围岩是火山岩时，主要发生矽卡岩化，如喀腊大湾地区中酸性岩体侵入含铁玄武岩中形成钙铁石榴子石、透辉石、透闪石等为特征的矽卡岩，并且与磁铁矿呈互层产出（图 2-14）。当围岩是碎屑岩时，主要发生角岩化，如大平沟中

(a)

(b)

图 2-14　喀腊大湾地区热接触变质形成的矽卡岩（a）及磁铁矿矿石（b）（拍摄者：陈柏林）

段的钙质粉砂岩因侵入闪长岩体而形成坚硬致密的红柱石角岩。

2.5　本章小结

本章主要从地层、构造和岩浆岩等方面阐述阿尔金北缘区域地质概况。

研究区内地层从新太古界至新生界均有发育。新太古界主要出露于北部地区，为一套高角闪岩相（局部麻粒岩相）变质岩；元古宇分为古元古界、长城系巴什库尔干群、蓟县系塔昔达板群、青白口系索尔库里群、新元古界震旦系；下古生界出露寒武系和奥陶系，分布于红柳沟、巴什考供、大平沟、喀腊大湾等地；上古生界仅局部出露泥盆系和石炭系；中生界仅局部出露侏罗系；新生界主要分布在研究区北部和阿尔金断裂以北。

研究区构造主要分为三个层次：古生代以前基底构造、早古生代变形构造和中-新生代脆性断裂构造。古生代以前基底构造主要发育在太古宇中，以深层次变质变形作用为特点；早古生代变形构造在区内主要表现为近东西走向的韧性-韧脆性变形带、褶皱及断裂构造；中-新生代构造呈北东东向，从研究区东南部穿越，是阿尔金巨型走滑断裂的一段，左行走滑导致索尔库里拉分盆地的形成，也导致中生代以前断裂构造的重新活动和研究区整体隆升剥露。

区内岩浆岩非常发育，出露范围比较广，侵入岩和火山岩从超基性到酸性均有发育，时代以早古生代为主，少量元古宙和晚古生代侵入岩。研究区在经历漫长的构造演化和岩浆活动的同时亦发生了一系列的动力变质作用、区域变质作用和热接触变质作用，并形成了相应的变质岩石。

3 阿尔金北缘区域矿产

3.1 区域矿产概述

阿尔金北缘地区位于秦祁昆造山带中，该区经历了漫长而复杂的构造演化和岩浆热事件作用，成矿地质条件优越。20 世纪末至 2010 年的找矿成果显示，阿尔金北缘是一条重要的铁、金、铜、铅锌等多金属成矿带，其矿床成因类型、不同矿种组合关系及其反映的成矿作用条件与北祁连山西段成矿带非常相似（陈柏林等，2010）。研究区很有可能是北祁连山西段成矿带的西延部分（许志琴等，1999；孟繁聪等，2010），因新生代阿尔金 NEE 向断裂左行走滑作用而与北祁连山西段有所错断（陈柏林等，2008，2010）。该区中生代之前区域构造的演化特点与北祁连山西段基本一致，经历了太古宙-古元古代陆核和结晶基底的形成（崔军文等，1999）、中元古代稳定大陆边缘沉积、新元古代末期-早古生代板块扩张（郭召杰等，1998）、加里东期板块俯冲-碰撞（许志琴等，1999；周勇和潘裕生，1999；Sobel and Arnaud，1999）、晚古生代裂谷扩张及闭合造山作用和岩浆活动；印支期表现伸展作用和碱性岩侵位（Yin et al.，1999）；而中生代末以来，由于印度板块与欧亚板块碰撞造山及其远程效应的影响，阿尔金断裂带发生了大规模的左行走滑，阿尔金北缘地区则更多地表现出挤压体制的偏脆性变形特点（崔军文等，1999；许志琴等，1999；Yin et al.，1999）。因此，在阿尔金北缘应该具有非常好的成矿地质条件和找矿远景。

区内矿产资源丰富，以金、铜、铁、铅锌等矿种为主，目前已发现和统计的大、中、小型矿床（点）数有 39 处，如大平沟金矿、贝克滩南金矿、沟口泉铁矿、白尖山铁矿、喀腊大湾铁矿带（八八铁矿等）、芦草沟铅锌矿、喀腊达坂铅锌矿等，不同类型的矿产多呈 EW 向带状分布（图 3-1，部分小型矿床（点）未标出）。

王小凤等（2004）根据阿尔金地区的构造体系组合特征、地质背景和化探异常及矿床分布，将阿尔金北缘地区划分为阿尔金北缘金成矿带、北缘铜铁金成矿带和北缘铜银金多金属成矿带。阿尔金北缘金成矿带沿 EW 向阿尔金北缘断裂延伸，金矿床主要分布在北缘断裂带上及深变质岩南侧边缘地区，EW 向北缘断裂与次级 NWW 向及 NEE 向断裂交汇破碎带是金矿富集区；铜铁金成矿带沿

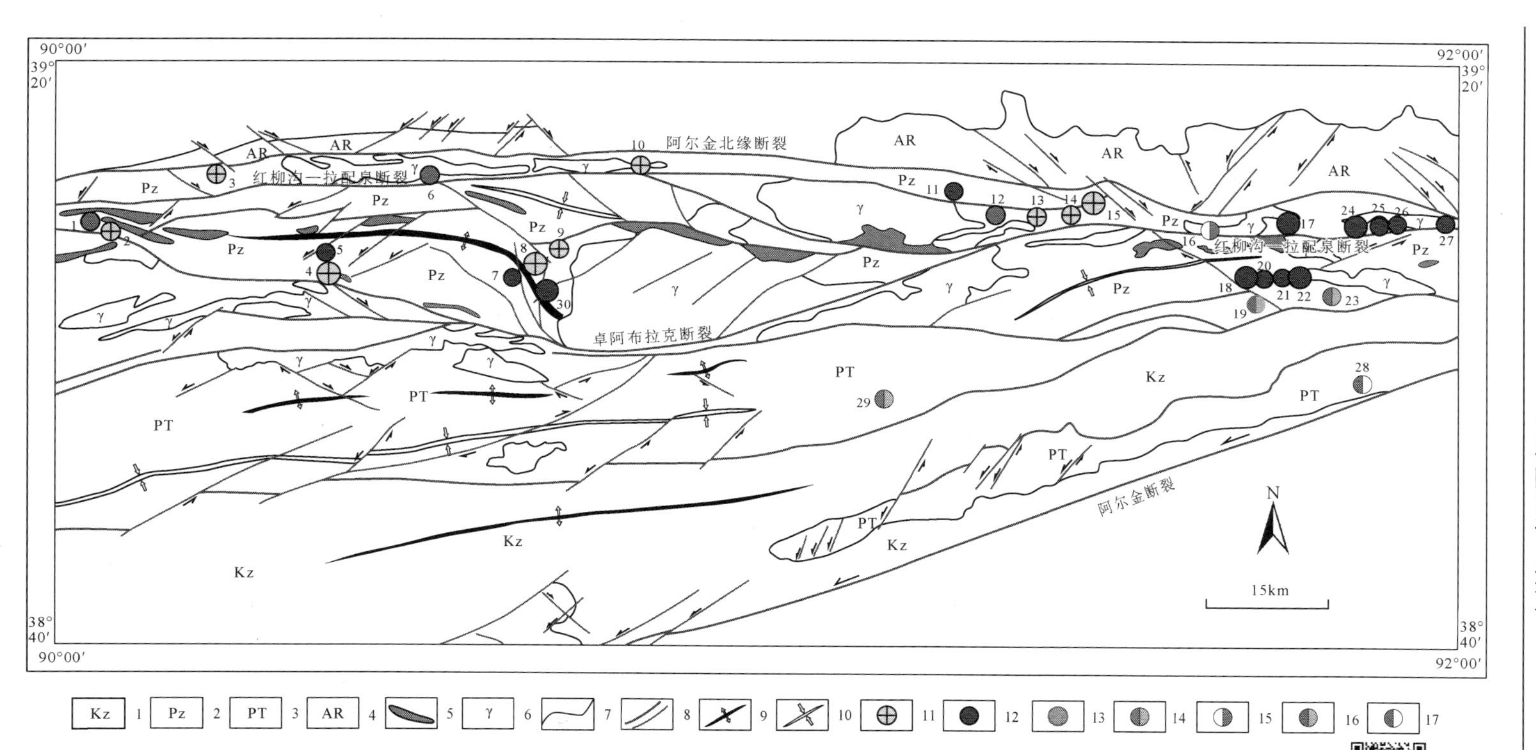

图 3-1 阿尔金北缘红柳沟—拉配泉一带主要矿产分布简图

1. 新生界；2. 古生界；3. 元古宇；4. 太古宇；5. 基性-超基性侵入岩；6. 中酸性侵入岩；7. 地质界线；8. 主要/次要断层；9. 背斜；10. 向斜；11. 金矿；12. 铁矿；13. 铜矿；14. 铅锌矿；15. 银铅矿；16. 铜锌矿；17. 铜银矿

矿床（点）编号：1. 红柳沟铜矿点；2. 红柳沟金矿点；3. 巴什考供北金矿；4. 贝克滩南金矿；5. 贝克滩南铁矿点；6. 索拉克铜矿点；7. 恰什坎萨依铁矿点；8. 祥云金矿；9. 盘龙沟金矿点；10. 冰沟口金矿点；11. 大平沟西铁矿点；12. 大平沟西铜矿点；13. 大平沟西金矿点；14. 大平沟南铜矿点；15. 大平沟金矿；16. 阿北银铅矿；17. 白尖山西铁矿；18. 喀腊大湾八八铁矿；19. 喀腊大湾铜锌矿；20. 喀腊大湾 7915 铁矿；21. 喀腊大湾 7910 铁矿；22. 喀腊大湾 7918 铁矿；23. 喀腊达坂铅锌矿；24. 白尖山铁矿；25. 8618 铁矿；26. 8617 铁矿；27. 齐勒萨依东铁矿点；28. 索尔库里北山铜银矿；29. 芦草沟铅锌矿；30. 沟口泉铁矿

EW 向北缘断裂南侧呈带状分布；铜银多金属成矿带分布在阿尔金断裂北侧与金雁山断裂之间，由蓟县纪浅变质岩系及 NEE 向剪切带构成。

根据矿床地质特征、围岩蚀变、赋矿岩石及成矿过程的地质作用可将研究区内的矿床分为三大类型①：第一类，与大规模韧性-韧脆性变形作用有关的矿床，如贝克滩南金矿、大平沟金矿、红柳沟金矿、祥云金矿、冰沟口金矿等，主要分布在研究区三条韧脆性变形带中；第二类，与海相火山沉积作用有关的矿床，如喀腊大湾铜锌矿、喀腊大湾铁矿带、喀腊达坂铅锌矿等，是研究区内分布最广的矿床类型；第三类，与岩浆侵入活动有关的矿床，如索尔库里北山铜银矿、阿北银铅矿等，成矿岩体主要是奥陶纪中酸性侵入岩。不同类型矿床的控矿构造、围岩蚀变、矿床特征等均有所差异，为了总结不同类型矿床的成矿规律，确定找矿标志来进行找矿预测，下面对不同类型的典型矿床进行剖析。

3.2　典型矿床特征

本次分别选取三个不同类型矿床中的大平沟金矿、喀腊大湾铁矿带、喀腊达坂铅锌矿和阿北银铅矿为典型代表，对其矿床特征进行分析。

3.2.1　大平沟金矿

大平沟金矿处于阿尔金北缘韧性剪切带的中段，区域上属于北缘构造带的新太古代隆起区，受韧性剪切带控制明显（陈柏林等，2005）。

1）地质背景

大平沟地区出露的地层主要为新太古界达格拉格布拉克群一套高角闪岩相-麻粒岩相变质岩系，岩性主要为灰色黑云母角闪斜长片麻岩、条带状混合岩、麻粒岩等，中元古代蓟县纪变质大理岩，以及早古生代奥陶纪斯米尔布拉克组时期浅变质、强烈变形的一套火山-沉积岩系，总体地层南倾，倾角较陡。矿区发育有大小不等的韧脆性变形带数十条，根据变形带展布和组合规律可划分为南北两个带（图 3-2）。北带断续延伸长约 400m，中部宽度达 20m，而南带延伸较短，约 200m。区内控矿构造总体呈 NWW 向，弧形展布，中部为构造发育较弱的透镜体，这种构造带的展布格局控制了矿化带和矿体的分布规律。同时矿区

① 该部分参考了陈柏林，2011，阿尔金成矿带多元信息成矿预测与找矿示范设计报告。

内的岩石面理、线理、矿物定向组构发育，表明了明显的韧脆性构造变形特征。矿石类型为蚀变破碎岩型和石英脉型，矿石矿物主要为自然金、黄铁矿、黄铜矿等。稀土元素、硫、铅、锶同位素显示，成矿物质来源于具造山带特色的上地壳物质——红褐色钾长变粒岩，矿床形成于早古生代板块碰撞伴随的强烈韧脆性变形和重熔型花岗质岩浆活动过程中，矿化年龄 487Ma（杨屹等，2004；陈柏林等，2005；何江涛等，2016）。

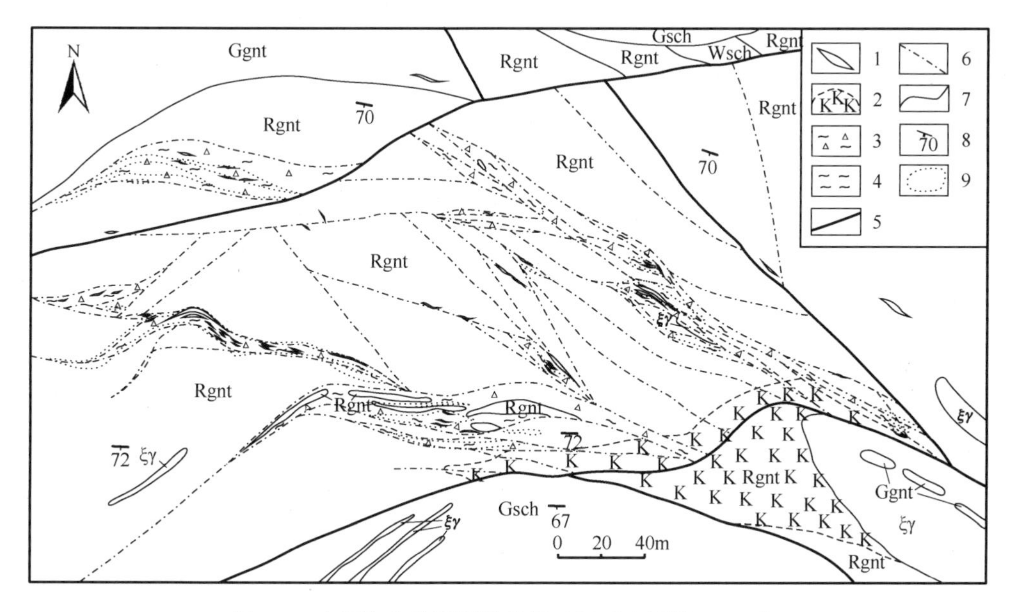

图 3-2 大平沟金矿平面地质图（据王小凤等，2004）

Rgnt. 褐灰、褐红色变粒岩；Ggnt. 灰绿色变粒岩夹片岩；Gsch. 灰绿色片岩夹变粒岩；Wsch. 灰白色片岩；ξγ. 钾长花岗岩；1. 石英脉；2. 钾化及其界线；3. 破碎蚀变岩；4. 绿泥石化和绢云母化蚀变；5. 断层；6. 裂隙；7. 地质界线；8. 产状；9. 矿（化）体界线

2）控矿构造

大平沟金矿体控矿构造带早期为韧性-韧脆性变形，呈 NWW 向，小角度穿切变质岩的片理构造，具压剪性的力学性质，构造控制着矿化带和矿体的产状及规模。晚期发育 3 条脆性断裂，按产状可分近 EW 向和 NW 向断裂（图 3-2），对矿体具有截切作用。

3）围岩蚀变

大平沟金矿矿区围岩蚀变强烈，广泛发育有黄铁矿化、钾长石化、硅化、绢云母化、方解石化，少量黄铜矿化和绿泥石化，与金矿关系密切的主要是硅化、黄铁矿化和钾长石化。

4）找矿标志

①早古生代奥陶纪变质岩系 Au 元素背景值高，是金矿体的直接赋矿围岩；②南北 2 条呈弧形展布的韧脆性变形带控制了金矿体的形态、产状和分布；③与金相关的硅化、钾长石化和黄铁矿化是富矿体产出标志；④区域金元素地球化学异常指示矿体存在的可能性。

3.2.2 喀腊大湾铁矿带

喀腊大湾铁矿带位于研究区东段，是研究区铁矿床集中发育区域之一，各个铁矿床呈 EW 向有规律的产出，整个矿带地貌高差起伏大。

1）地质概况

喀腊大湾铁矿带在大地构造上位于塔里木板块之塔里木古陆缘地块的红柳沟—拉配泉奥陶纪裂谷带，在区域构造上位于阿尔金北缘断裂带和拉配泉—白尖山断裂以南，喀腊达坂断裂北侧（图 3-3）。矿带长约 12km，近 EW 向延伸，包括八八铁矿、7910 铁矿、7914 铁矿、7915 铁矿、7918 铁矿和 7920 铁矿六个铁矿。矿区出露地层只有卓阿布拉克组（O_1zh）中酸性火山岩和沉积岩，岩性主要为安山质玄武岩、英安岩、流纹岩和泥岩、泥灰岩、板岩、千枚岩、大理岩及辉绿岩脉，其中夹铁矿层，已发现铁矿体严格受地层层位和岩性控制。矿区构造线呈近 EW 向展布，地层发生向北陡倾的褶皱，倾角 75°～88°，矿带西段八八铁矿附近可见地层和含矿岩系发生褶皱重复，在野外局部可见小型褶曲。区内断裂有平行含矿岩系的层间断裂和斜向断裂。岩浆岩活动强烈，发育各种侵入岩、火山岩及岩脉，玄武岩为铁矿体的直接围岩。区内主要发生区域变质作用、动力变质作用和接触交代变质作用，变质作用使得铁矿物富集，发生变质和重结晶形成大颗粒磁铁矿。

2）地球物理特征

对铁矿带进行 1∶1 万高精度剖面磁测，沿铁矿化蚀变带及铁矿体部署 SN 向测线，线长 2000m，线距 200m，点距 40m，矿体附近加密至 10～20m。根据磁

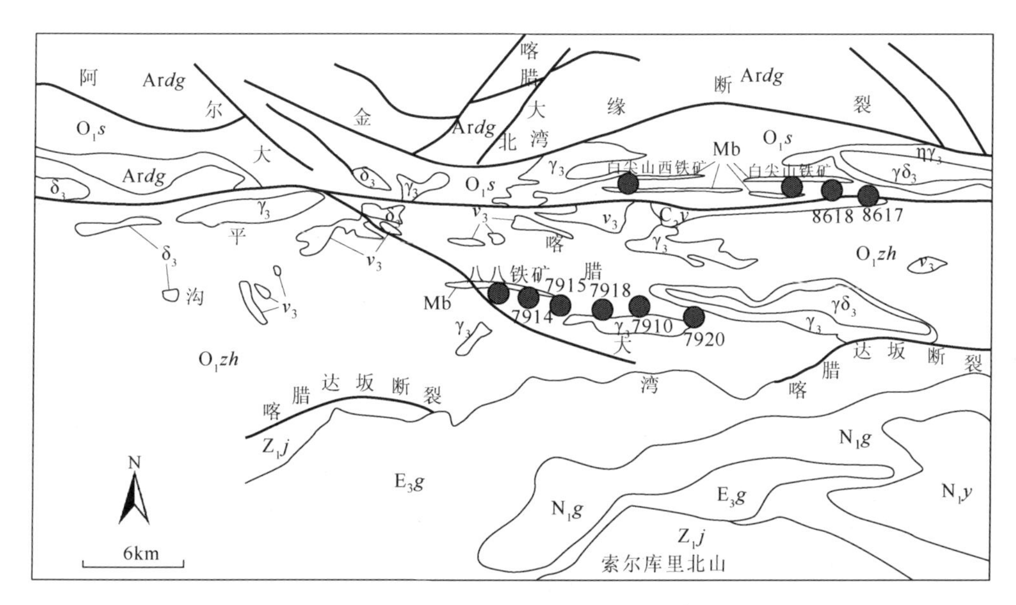

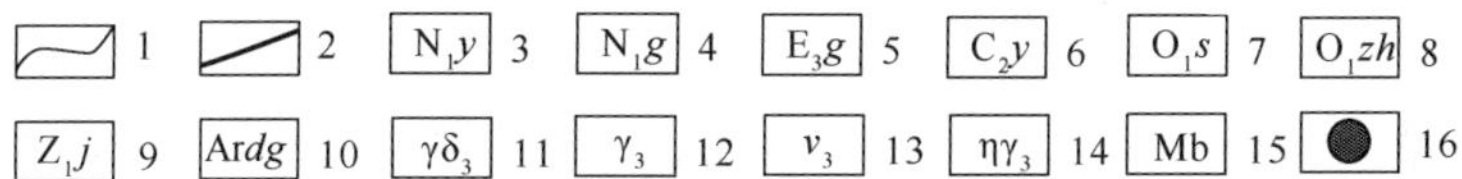

图 3-3　喀腊大湾地区地质构造与铁矿分布图（据陈柏林等，2017）

1. 地质界线；2. 断裂；3. 中新统上油砂山组；4. 中新统上干柴沟组；5. 渐新统下干柴沟组；6. 中石炭统因格布拉克组；7. 下奥陶统斯米尔布拉克组；8. 下奥陶统卓阿布拉克组；9. 下震旦统金雁山组；10. 新太古界米兰群达格拉格布拉克组；11. 早古生代花岗闪长岩；12. 早古生代花岗岩；13. 早古生代辉长岩；14. 早古生代二长花岗岩；15. 大理岩带；16. 铁矿床

异常变化范围，按中值定理以 400nT 为下限，圈定 6 个高值异常区①。I 号异常是铁矿带内最高的磁异常，分布在矿带西段，与八八铁矿范围基本一致，近 EW 向延伸，由异常特征可推测矿体总体呈 EW 向，向北倾斜，向下有一定延伸。磁异常自西向东延伸约 1200m 处封闭，为赋矿层位，岩性为灰白色中厚层大理岩夹铁矿层及玄武岩。其他 5 个异常分别对应矿带的 7914 铁矿、7915 铁矿、7918 铁矿、7910 铁矿和 7920 铁矿。

3）铁矿特征

因铁矿处于同一矿带，因此具有相似的矿床特征，属火山沉积型，具带状分布特点，均发育于大理岩一侧的玄武岩中，其中 7910 铁矿、7914 铁矿、7915 铁矿和 7920 铁矿体位于大理岩南侧，而八八铁矿因褶皱作用发育在大理岩的北侧。

① 该部分参考了陈柏林，2010，阿尔金北缘红柳沟矿带大型铜金铅锌矿床找矿靶区优选与评价技术与应用研究报告。

地表出露矿体长约几百米，宽约几十米，平均厚度十几米至几十米，总体走向近EW向，向北或向南倾斜，倾角80°左右。在铁矿附近有酸性岩体和辉绿岩脉侵入，局部地区发生矽卡岩化。因此，矿石类型有玄武岩型铁矿石和矽卡岩型铁矿石两类。图3-4和图3-5为铁矿体野外露头照片。与铁矿床关系密切的中基性火山岩锆石SHRIMP U-Pb年龄为（517±7）Ma，矽卡岩化改造作用时代为早古生代早奥陶世（480Ma）（陈柏林等，2016a）。结合区域构造演化认为，喀腊大湾铁矿形成于早古生代俯冲挤压褶皱阶段，随后受到中酸性岩侵位和改造作用。

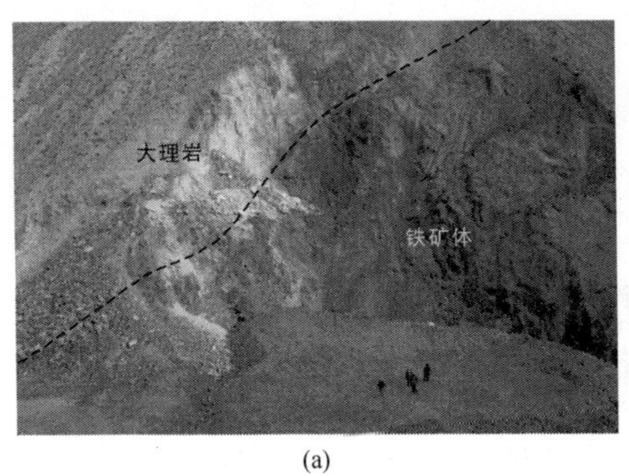

(a)

(b)

图3-4 喀腊大湾7915铁矿露天采场（a）及条带状磁铁矿石（b）（拍摄者：孙岳）

(a)

(b)

图3-5 喀腊大湾八八铁矿矿体露头［（a）镜头向东；（b）镜头向南；拍摄者：孙岳］

4）找矿标志

根据矿区地质资料，总结喀腊大湾铁矿带找矿标志主要有：①早古生代卓阿布拉克组时期基性、中酸性火山岩和沉积岩地层是铁矿体富集层位；②喀腊大湾复向斜构造核部为铁矿床赋存提供了容矿空间；③区域磁力高值异常指示铁矿体产出位置；④在地形地貌上，矿体铁质成分高抗风化能力强，易形成山脊、山包等正地貌，是铁矿的一个间接标志。

3.2.3 喀腊达坂铅锌矿

喀腊达坂铅锌矿位于研究区中东段，阿尔金北缘断裂和喀腊达坂断裂所夹持区域，4337 高地南侧，是研究区内唯一大型规模的铅锌多金属矿。平均海拔 3950m，地势高差大，切割深，交通不便。陈柏林等（2017）详细地研究了喀腊达坂铅锌矿的地质特征、年代学及地球化学特征，认为该矿床属于火山块状硫化物型，形成时代为早古生代早—中奥陶世（482～485Ma），铅同位素显示物源来自上地壳和造山带。

1）*矿区地质*

矿区出露早古生代早奥陶世卓阿布拉克组时期的浅变质岩系，地层总体走向 290°～300°，岩性主要为中酸性火山凝灰岩、晶屑凝灰岩、英安斑岩、英安岩、流纹岩和泥质、千枚岩、板岩及薄层灰岩，该组含铅锌矿夹层（图 3-6）。

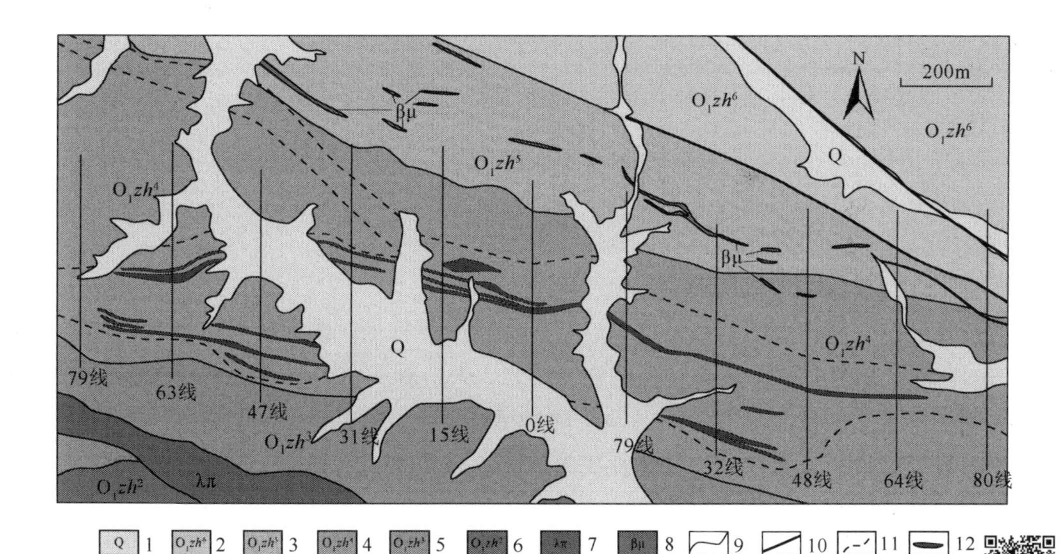

图 3-6 喀腊达坂铅锌矿矿区地质图及剖面位置（据陈柏林等，2017）

1. 第四系；2. 下奥陶统卓阿布拉克组第六亚组；3. 下奥陶统卓阿布拉克组第五亚组；4. 下奥陶统卓阿布拉克组第四亚组；5. 下奥陶统卓阿布拉克组第三亚组；6. 下奥陶统卓阿布拉克组第二亚组；7. 石英钠长斑岩；8. 辉绿岩脉；9. 地层界线；10. 断层；11. 蚀变带界线；12. 铅锌矿体

根据岩石组合特征，由老至新划分为 6 个亚组，矿区内出露 5 个组，分别为：第二亚组（O_1zh^2），分布在矿区西南角，岩性为浅灰绿色泥岩与凝灰质砂岩互层，夹灰岩、碳质泥岩；第三亚组（O_1zh^3），分布在矿区中南部，为中酸性火山凝灰岩；第四亚组（O_1zh^4），分布在矿区中部，岩性为酸性熔岩、酸性火山凝灰岩，以晶屑凝灰岩最为特征，夹少量辉绿岩脉和石英脉，为矿区含矿岩性段，该组矿化蚀变强烈，有褐铁矿化、黄钾铁矾、硅化、黄铁矿化、绢云母化、重晶石化等，同时发育方铅矿、闪锌矿及铜蓝、孔雀石等矿化；第五亚组（O_1zh^5），分布在矿区北部和东部，岩性为中性熔岩-凝灰岩，层内发育辉绿岩脉和石英脉；第六亚组（O_1zh^6），分布在矿区北部，岩性为泥岩、粉砂岩、砂岩等碎屑岩。沿沟谷出露少量第四系（Q）冲洪积物，主要由砾石、细砂、泥土等组成，沟岸两侧阶地为黄土、松散坡积层。

矿区处于阿尔金北缘蛇绿混杂岩带南侧，早期构造变形强烈，受新生代以来印度板块向北推挤而引发的阿尔金左行走滑及伴生构造影响，该区新生代以来构造变形十分强烈。矿区的浅变质火山沉积岩系总体呈单斜构造，次级褶皱指示该区属于喀腊大湾复向斜的南翼。断裂以 NWW 向和 NW 向为主，少量发育 NE 向次级断裂，后期 NW 向断层左行错断了含矿的火山岩和矿化蚀变带，可见后期构造对矿体的改造作用。区内岩浆活动较强，发育中酸性侵入岩和基性、酸性岩脉以及中酸性火山岩。

2）矿化蚀变

该区含矿地层为下古生界卓阿布拉克组，岩系为中酸性火山岩-火山碎屑岩系，岩性主要为中酸性火山岩、灰绿色泥质砂岩、凝灰岩，层内发育有石英脉和辉绿岩脉，地表矿化蚀变明显。

依据蚀变矿物空间展布特征、岩石破碎程度等特征，圈定矿区 2 条矿化蚀变带，空间上均分布在卓阿布拉克组酸性熔岩、火山凝灰岩内，带宽 50～600m，长达 4km，呈 EW 走向（图 3-6）。地表蚀变呈淡黄色、红褐色、灰白色等，蚀变矿物主要有黄铁矿、褐铁矿、黄钾铁矾等，地表可见少量方铅矿、孔雀石、闪锌矿等，主要有用组分为 Pb、Zn，伴生组分为 Au、Ag、Cu、S 等（图 3-7）。

3）矿体特征

矿体赋存在早古生代卓阿布拉克组时期中酸性火山岩-火山碎屑岩系中，矿体与火山沉积地层整合接触，总体产状为近 EW 走向，NNE 倾向，倾角以 35°～45°

(a)

(b)

图 3-7 喀腊达坂铅锌矿地表蚀变带［（a）镜头向西；（b）镜头向南；拍摄者：孙岳］

为主，矿体长几十米至几百米，视厚度几米至十几米。矿体呈似层状，沿走向、倾向具有尖灭、再现特征，沿走向断续延伸超过 400m 的矿体有 4 个。矿石类型主要为铅锌矿石、铅铜矿石、铅矿石和锌铅铜矿石，以浸染状、细脉状和块状构造最为普遍，条带状构造次之。图 3-8 和图 3-9 分别表示矿区 0 线和 31 线、8 线和 16 线剖面图。

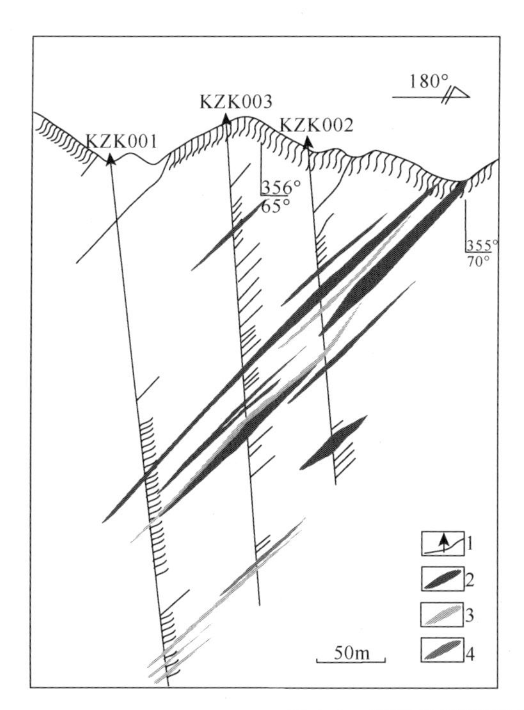

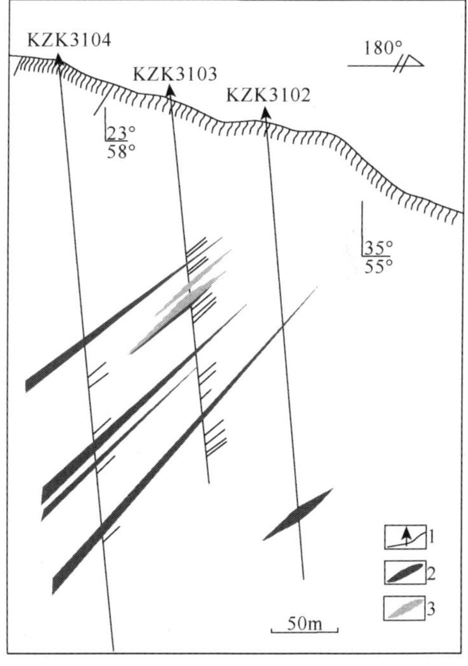

图 3-8 喀腊达坂铅锌矿 0 线和 31 线剖面图

1. 钻孔及编号；2. 铅锌矿体；3. 铅锌矿化体；4. 铜矿化体

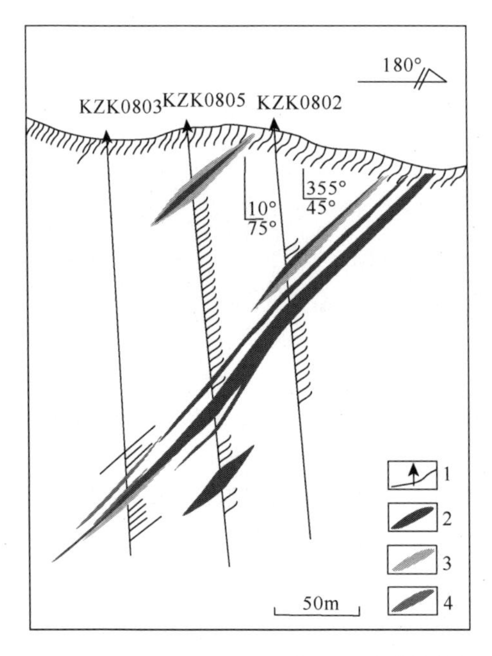

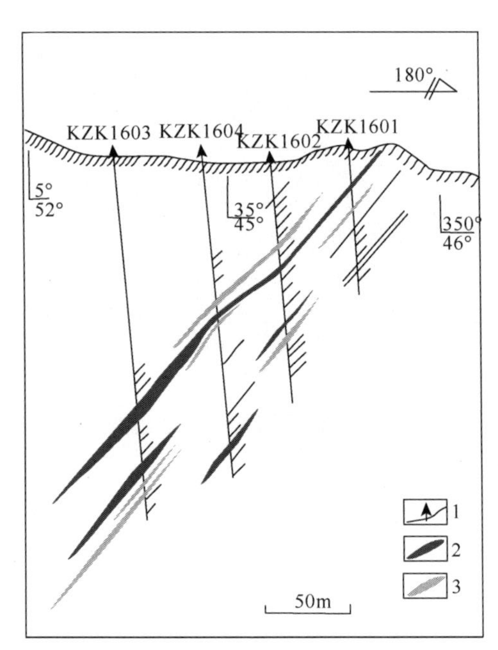

图 3-9　喀腊达坂铅锌矿 8 线和 16 线剖面图

1. 钻孔及编号；2. 铅锌矿体；3. 铅锌矿化体；4. 铜矿化体

4）找矿标志

根据矿区地质资料分析，喀腊达坂铅锌矿找矿标志有：①矿体发育在卓阿布拉克组中酸性火山岩-火山碎屑岩中；②地表强烈的红褐色、灰白色矿化蚀变带，是直接有效的找矿标志；③区域构造控制着矿体的延伸和展布；④Pb、Zn、Cu 等成矿元素异常及组合异常是研究区寻找该类矿床的间接标志。

3.2.4　阿北银铅矿

阿北银铅矿位于阿尔金北缘喀腊大湾 NW 方向，构造位置处于阿尔金北缘断裂带南侧、红柳沟—拉配泉断裂北侧且靠近断裂部位（图 3-10），平均海拔 2800m，地形高差起伏大。

1）矿区地质

矿区北部出露地层为新太古界米兰群的角闪岩相-麻粒岩相深变质岩系，岩性组成为混合岩、片麻岩夹片岩、灰绿色变粒岩，总体呈近 EW 向展布，倾向 5°～10°，倾角较陡为 60°～70°，地层出露宽度超过 1000m。矿区南部出露下古生界下

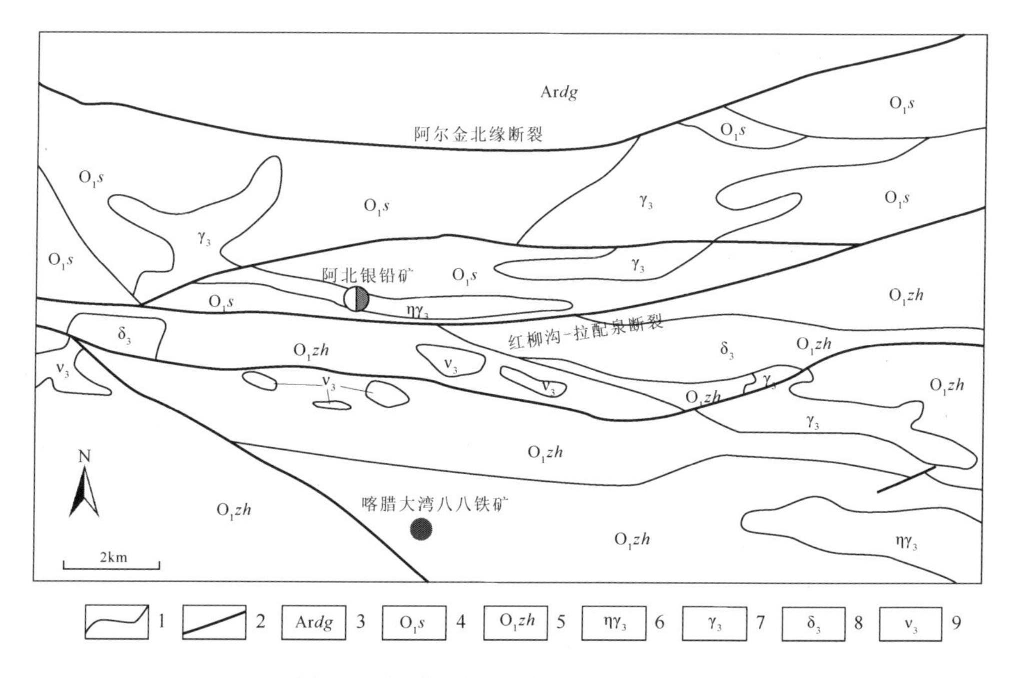

图 3-10 阿北银铅矿外围地区地质矿产图

1. 地质界线；2. 断裂；3. 新太古界米兰群达格拉格布拉克组；4. 下奥陶统斯米尔布拉克组；5. 下奥陶统卓阿布拉克组；6. 早古生代二长花岗岩；7. 早古生代花岗岩；8. 早古生代闪长岩；9. 早古生代辉长岩

奥陶统卓阿布拉克组和斯米尔布拉克组。斯米尔布拉克组出露在矿区中北部，岩性主要为板岩、千枚岩、绢云母石英片岩、中酸性火山岩夹少量的石英透镜体、灰岩、大理岩，总体走向近 EW 向，倾向向北，倾角陡立，与北侧新太古界米兰群呈断层接触关系。卓阿布拉克组出露在矿区南部，主要岩性组成为泥灰岩、泥岩、板岩、千枚岩、大理岩和中酸性火山岩，与斯米尔布拉克组呈断层接触关系。区内岩浆活动强烈，主要有中基性和中酸性侵入岩，岩性为辉绿岩和花岗岩类，以及石英脉和碳酸盐岩脉体，常伴随矿化。区内变质作用复杂，主要有区域变质作用、动力变质作用和接触交代变质作用。

2）控矿构造

矿区断裂构造发育，主要有近 EW 向的阿尔金北缘断裂、白尖山断裂和喀腊达坂断裂主断裂，以及 NW 向、NE 向次级断裂，次断裂常形成几米宽的破碎蚀变带。岩石具有碎裂岩化和糜棱岩化，伴随褐铁矿化、黄铁矿化、高岭土化、黄钾铁矾化、孔雀石化、绢云母化和绿泥石化蚀变，且在破碎带中发育有含铅锌石英脉、铅锌矿脉和碳酸盐岩脉，这些构造破碎带为矿区重要的容矿构造，而近 EW 向的主断裂为控矿构造。

3）矿体特征

阿北银铅矿体主要发育在矿区中部的早古生代二长花岗岩偏脆性断裂破碎带中，空间分布受近 EW 向、SE 向断裂控制，沿矿体分布特征，可圈定 2 个矿带若干矿体（图 3-11）。I 号矿带位于二长花岗岩体北部内接触带附近，矿体沿总体走向 300°方向裂隙带发育，总长约 120m，宽 20～30m，南段被一组 NE 向断裂所截断。矿带岩石为二长花岗岩，岩石较为破碎，发生强烈片理化和糜棱岩化，岩裂隙发育有多种矿化蚀变（图 3-12）。II 号矿带位于矿区中部，亦发育在二长花岗岩中，矿体总长度达 2km 以上，宽 20～50m，分布在总体走向 285°的构造破碎带中。图 3-13 为阿北银铅矿 27 线剖面。

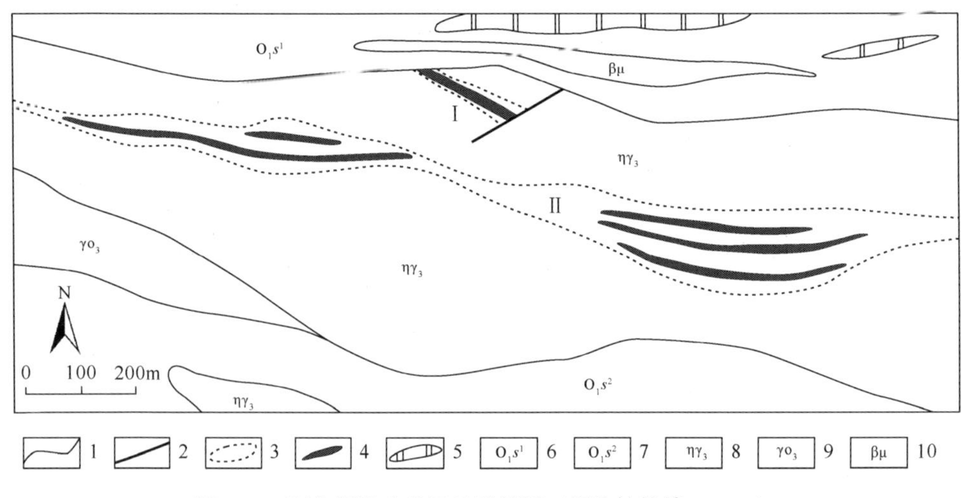

图 3-11　阿北银铅矿矿区地质简图（据陈柏林等，2012）

1. 地质界线；2. 断层；3. 蚀变带；4. 矿体；5. 白云质灰岩；6. 下奥陶统斯米尔布拉克组第一岩性段；7. 下奥陶统斯米尔布拉克组第二岩性段；8. 早古生代二长花岗岩；9. 早古生代斜长花岗岩；10. 早古生代辉绿岩脉

矿体赋矿围岩为早古生代二长花岗岩，SHRIMP U-Pb 锆石年龄为（514±6）Ma，是一个与早古生代中—晚期红柳沟—拉配泉弧后盆地封闭碰撞并伴生中酸性岩浆活动有关的岩浆热液矿床，成矿时代为 478～470Ma 的早古生代中期（陈柏林等，2012）。

图 3-12 阿北银铅矿控矿构造裂隙（镜头向西，拍摄者：孙岳）及素描图

1. 花岗岩；2. 含 Pb 破碎带；3. 脆性裂隙；4. 平硐

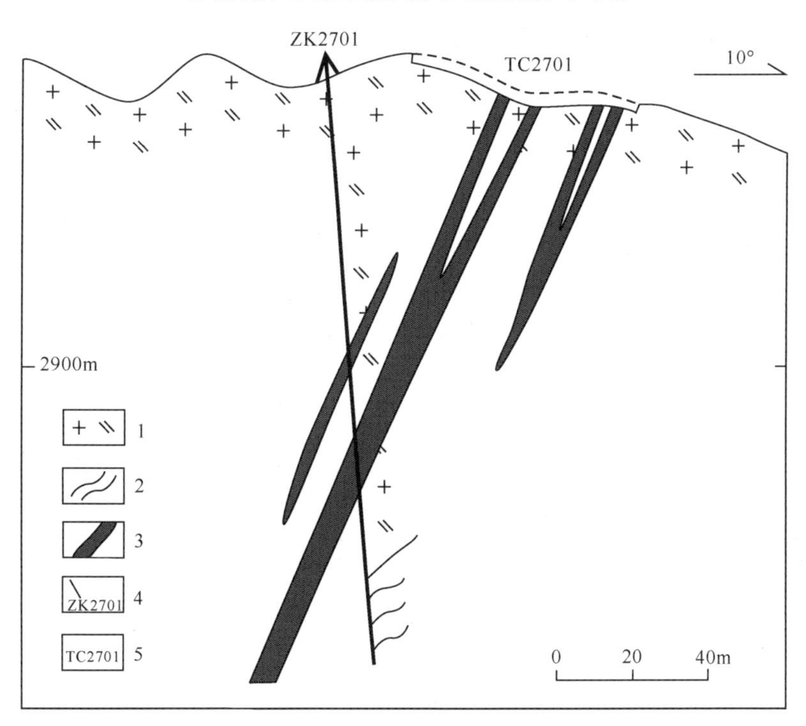

图 3-13 阿北银铅矿 27 线剖面（据陈柏林等，2012）

1. 二长花岗岩；2. 石英片岩；3. 矿体；4. 钻孔及编号；5. 探槽编号

4）围岩蚀变

矿体主要赋存于二长花岗岩中，沿构造裂隙带产出，呈脉状、透镜状，与围岩界线明显，围岩受应力及热液蚀变作用强烈，发生构造变形和矿化蚀变明显。围岩蚀变类型主要有绿泥石化、绿帘石化、高岭土化蚀变及褐铁矿化、黄铁矿化、方铅矿化、闪锌矿化、孔雀石化等矿化蚀变，蚀变连续性较好，是矿区重要的找矿标志。

5）找矿标志

根据矿区地质资料分析，阿北银铅矿找矿标志有：①已发现银铅矿（化）体发育于早古生代二长花岗岩的构造破碎带中，花岗岩体是直接找矿标志；②在岩体内部或接触带，地表呈黄褐色-灰白色，连续性较好的褐铁矿、黄钾铁矾蚀变带；③断裂破碎带，包括主要控矿断裂和次级容矿断裂；④相对高值的激电极化率异常及对应的中低电阻率异常可能反映深部存在较富集的硫化物矿体；⑤Pb、Zn、Cu、Au、Ag 等成矿元素异常及组合异常反映矿体存在的可能性，是研究区寻找该类矿床的间接标志。

3.3 地质找矿信息提取

为了更好地对阿尔金北缘地区进行找矿预测研究，需分析本区金矿、铁矿、铅锌铜等金属矿床的地质特征，探明矿体产出的主要地质找矿要素，包括控矿构造、赋矿地层、含矿岩体和地表矿化蚀变，结合其他地物化遥多元信息，总结不同类型矿床的找矿信息，建立找矿模型，以此圈定找矿远景区。

3.3.1 控矿构造

众所周知，构造对矿产具有多级控矿规律，即一级、二级构造单元作为导矿构造控制着区域的成矿带、矿田，三级、四级构造单元作为配矿和容矿构造控制着矿床和矿体。

研究区一级构造单元为红柳沟—拉配泉弧后盆地（裂谷），弧后盆地的裂开、地块俯冲和碰撞，伴随着大规模岩浆侵入和喷发活动及韧性-韧脆性变形，继而伴随成矿作用。在研究区北缘主要发生与大规模韧性-韧脆性变形有关的成矿作用，形成韧性剪切带型金矿和构造蚀变岩型金矿，如大平沟金矿、贝克滩南金矿、盘龙沟金矿、祥云金矿等。在喀腊大湾北部地区发育中基性火山岩，偏裂谷环境，形成以海底喷流相关的富磁铁矿矿床，如喀腊大湾铁矿带，受复向斜褶皱构造控制，尤其是向斜核部具备了铁矿床赋存所需的可容空间，具有良好的铁矿储矿条件。在喀腊大湾南部地区发育较多的中酸性火山岩，偏岛弧环境，形成火山岩型块状硫化物型多金属矿床，如喀腊达坂铅锌矿、喀腊大湾铜锌矿等。因此，研究区主要控矿构造为韧脆性变形带和不同级别断裂裂隙及破碎带。

3.3.2 赋矿地层

海相火山沉积作用有关的铁矿、铅锌铜矿床受特定的地层层位和火山沉积岩系控制特别明显，如喀腊大湾八八铁矿带位于大理岩南侧玄武岩中，白尖山铁矿带位于硅质大理岩南侧的含铁砂岩、粉砂岩中；喀腊达坂铅锌矿具有似层状延伸特点，与矿区中酸性火山岩地层空间产状一致，相伴产出，与区域上火山岩具有相同大地构造环境、同源性和近同时性的关系。中元古代或早古生代火山沉积岩及火山碎屑岩出露区及早古生代浅变质、强变形岩系中金元素丰度值较高，具有很好的金矿找矿潜力。

通过对典型矿床的剖析，不同类型的矿床赋矿地层有所差异：新太古代—中元古代和早古生代变质岩系 Au 元素背景值高，是与大规模韧性-韧脆性变形作用相关的金矿体的直接赋矿围岩；与海相火山沉积作用有关的矿床赋存在元古宙中酸性火山岩-火山碎屑岩系中，矿体与火山沉积地层整合接触，总体产状为近 EW 走向，NNE 倾向；而与岩浆热液活动有关的矿床主要赋存于奥陶纪二长花岗岩的构造破碎带中。

3.3.3 岩浆岩

在研究区，与岩浆岩相关的矿床以热液多金属矿为主，赋存于早古生代中酸性侵入岩或其他岩石中，如阿北银铅矿矿体主要赋存于奥陶纪二长花岗岩的裂隙破碎带中。根据前人研究的岩体年龄（Gehrels et al.，2003；戚学祥等，2005；吴才来等，2005，2007；杨经绥等，2008；刘永顺等，2010；杨子江，2012；韩凤彬等，2012；陈柏林等，2011，2017）及项目资料提取含矿的早古生代中酸性岩体作为找矿有利信息，提取并添加到多元信息数据库中。

3.3.4 矿化蚀变

通过对研究区的野外地质调查发现，研究区多数矿床地表大范围发生矿化蚀变，如红柳沟铜矿点、芦草沟铅锌矿、喀腊达坂铅锌矿等，因此，地表矿化蚀变是重要的找矿信息。在阿尔金北缘地表矿化蚀变类型较多，以红褐色褐铁矿化和黄色、浅褐色黄钾铁矾为主，局部发育有绿帘石化、硅化、黄铁矿化、绢云母化、孔雀石化等。本次蚀变信息主要是通过 ETM +（enhanced thematic mapper plus）遥感影像提取，研究区褐铁矿化和黄钾铁矾出露广，蚀变强烈，其他矿化蚀变相对研究区出露零星，难以在 ETM + 影像上提取。因此，研究区褐铁矿化和黄钾铁矾信息是通过野外采集样品，并测试其反射率波谱曲线并从遥感影像中提取。另外，根据矿物的波谱特征，从 ETM + 影像上提取与矿化相关的铁染和羟基蚀变，作为多元信息找矿数据库的蚀变信息。具体的蚀变信息提取过程和结果将在遥感影像信息提取章节（第 5 章）中详细说明。

3.4 本 章 小 结

阿尔金北缘区内矿产资源丰富，以金、铁、铜、铅锌等矿种为主，目前已发现的大、中、小型矿床（点）数有 39 处。本章简述了阿尔金北缘地区矿产的空间分布特征，并根据矿床地质特征，以成矿过程的地质作用可将研究区内的矿床分为与海相火山沉积作用有关的矿床、与大规模韧性-韧脆性变形作用有关的矿床及与岩浆侵入活动有关的矿床三大类。

同时以大平沟金矿、喀腊大湾铁矿带、喀腊达坂铅锌矿和阿北银铅矿作为三大类型矿床的典型代表，进行了矿区地质、控矿构造、矿化蚀变、找矿标志等方面特征的分析，在此基础上总结了矿床的地质找矿信息。早古生代浅变质、强变形岩系 Au 元素背景值高，是与大规模韧性-韧脆性变形作用相关的金矿体的直接赋矿围岩；与海相火山沉积作用有关的矿床赋存在元古宙中酸性火山岩-火山碎屑岩系中，矿体与火山沉积地层整合接触，总体产状为近 EW 走向，NNE 倾向；而与岩浆热液活动有关的矿床主要赋存于奥陶纪二长花岗岩的构造破碎带中。地质信息的提取为后续的多元信息数据库建立和找矿预测奠定了基础。

4　区域地球化学及矿床原生晕

地球化学找矿将矿床的形成与成矿元素的地球化学行为集合起来，主要是研究成矿元素及伴生元素在地壳中的空间分布规律（阮天健和朱有光，1985；刘英俊和邱德同，1987），由于这些元素所处的温压条件不同，其在垂直方向上的富集位置有所差异，可指示矿体剥露程度，在水平方向上富集亦反映了矿体存在的可能性。因此，地球化学方法可以用来寻找隐伏矿体，是当前直接有效的找矿勘查方法之一。随着地球化学方法和技术的逐渐提高，其在资源勘查和找矿预测工作中的作用表现得越来越明显，作为多元信息必要的一部分，为找矿预测结果的合理性和可靠性提供了基础。

4.1　区域地球化学特征

不同元素的地球化学特征，特别是成矿元素和伴生元素，反映了研究区元素富集成矿的规律和物质基础（周永恒，2011）。因此，不同矿床的主要成矿元素异常分布特征是最直接的找矿标志。阿尔金北缘地区经历了早古生代以来火山沉积作用、岩浆侵入活动、变质及构造变形等作用，地质演化复杂且时间较长，使得该区具有非常丰富的成矿物质来源，形成规模较大、不同元素及元素组合异常的区带。本次化探数据来自新疆地质矿产勘查局第一区域地质调查大队。

4.1.1　元素地球化学异常

1）Au 元素异常

Au 元素地球化学异常大致分布在西段、东段和索尔库里北山 3 个集中区（图 4-1）。西段红柳沟—恰什坎萨依地区由 4 个 Au 高值异常和多个中偏高异常组成，已发现的 6 个金矿床（点）与异常密切相关。东段大平沟—喀腊大湾地区有 3 个高值异常和多个中高值异常，已发现的大平沟金矿和大平沟西金矿点即位于大平沟高值异常区内，但其他高值异常区目前未发现金矿床。阿尔金断裂旁索尔库里北

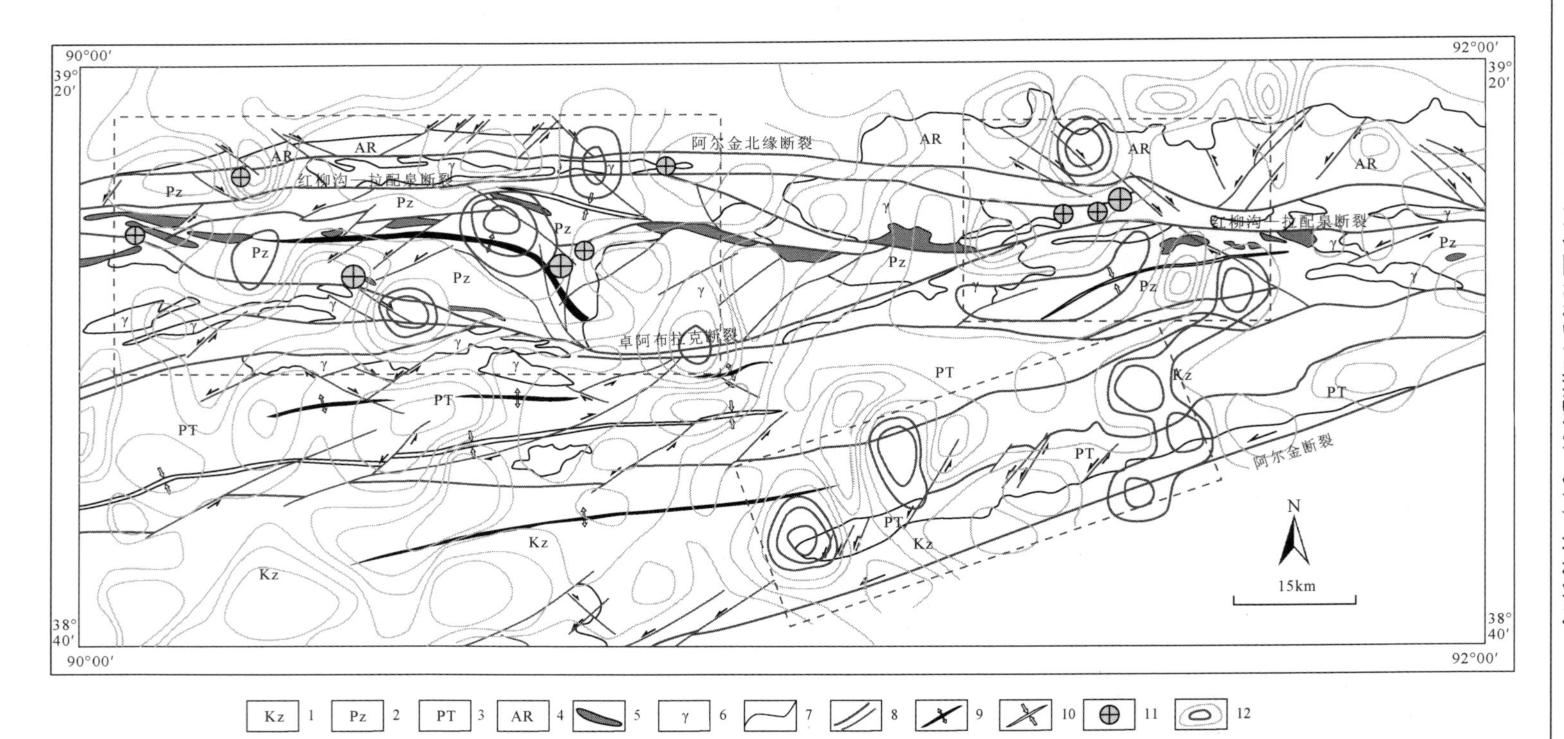

图 4-1　阿尔金北缘 Au 地球化学异常和金矿床分布图（虚线框表示异常集中区）

1. 新生界；2. 古生界；3. 元古宇；4. 太古宇；5. 基性-超基性侵入岩；6. 中酸性侵入岩；7. 地质界线；8. 主要/次要断层；9. 背斜；10. 向斜；11. 金矿；12. Au 元素（高值）异常

山有 3 个高值异常，位于新近纪盆地内的沉积岩区，仅在索尔库里北山中段有少量金雁山组碎屑岩-碳酸盐岩建造出露，异常有待查证。

2）Cu 元素异常

Cu 元素异常大致分布在西段恰什坎萨依—巴什考供—红柳沟和东段喀腊大湾—索尔库里 2 个地区（图 4-2）。在西段有大范围的高值异常，与超基性岩带有关，目前已发现的红柳沟铜矿点和索拉克铜矿点位于此异常的西部和北部，其他区域仍有很大的找矿空间。东段有 3 个高值异常区分别与新太古代深变质岩系、早古生代火山沉积岩系和蓟县纪金雁山组时期碎屑岩-碳酸盐岩建造相对应。

已发现的喀腊大湾铜锌矿、喀腊达坂铅锌矿位于喀腊大湾 Cu 元素高值异常区内，索尔库里北山铜银矿位于索尔库里 Cu 元素高值异常区东南部，其他如索尔库里和喀腊大湾北 Cu 元素高值异常成矿潜力较大。

3）多金属元素组合异常

多金属元素组合异常主要分布在红柳沟—巴什考供和喀腊大湾—索尔库里 2 个区域（图 4-3）。在红柳沟—巴什考供地区多金属元素组合异常范围比 Cu 元素异常小，与早古生代中酸性侵入岩关系密切，目前发现的索拉克铜矿点和贝克滩南多金属矿点位于巴什考供东多金属元素异常的西段，巴什考供西多金属元素异常区目前未发现相应矿床，前景较好。喀腊大湾—索尔库里地区有多个高值异常，与早古生代火山沉积岩系和蓟县纪碳酸盐岩-碎屑岩建造有关，已发现的喀腊达坂铅锌矿、喀腊大湾铜锌矿、索尔库里北山铜银矿均位于高值异常中，但索尔库里的高值异常未发现矿床，具有发现未知矿体的潜力。

4.1.2 异常分带特征

1）恰什坎萨依异常带

该异常带位于研究区西段，发育有 Cu、Pb、Zn、Mn、V、Ti、W、Au、Ag、Hg、Cr、Ni、Co、As、Cd、Ba、Sb、Bi 和 Mo 19 种元素的异常，其中 Cu、Pb、Zn、Bi 和 Cd 异常与中温热液和断裂活动有关，Au、Ag、As、Sb 和 Hg 异常与变质作用和断裂活动密切相关，铁族元素异常与红柳沟的超基性岩带有关，W、Bi 和 Mo 与早古生代花岗岩体有关，Ba 异常可能与海相火山岩有关。该带内已发现盘龙、祥云、贝克滩南、冰沟口、巴什考供北和红柳沟金矿等，以及 Cu 和 Au 的矿化点多处。

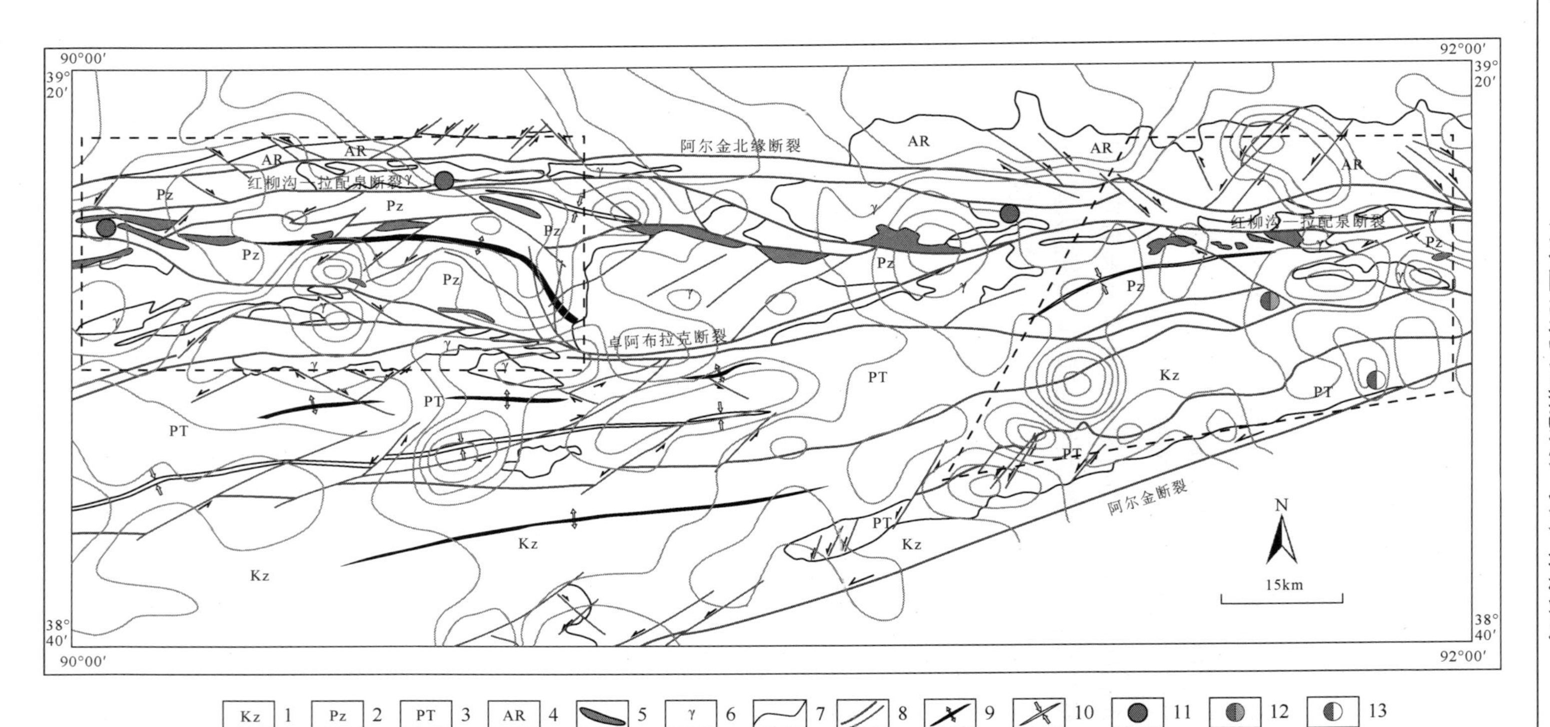

图 4-2　阿尔金北缘 Cu 地球化学异常及铜多金属矿床分布（虚线框表示异常集中区）

1. 新生界；2. 古生界；3. 元古宇；4. 太古宇；5. 基性-超基性侵入岩；6. 中酸性侵入岩；7. 地质界线；8. 主要/次要断层；9. 背斜；10. 向斜；11. 铜矿；12. 铜锌矿；13. 铜银矿

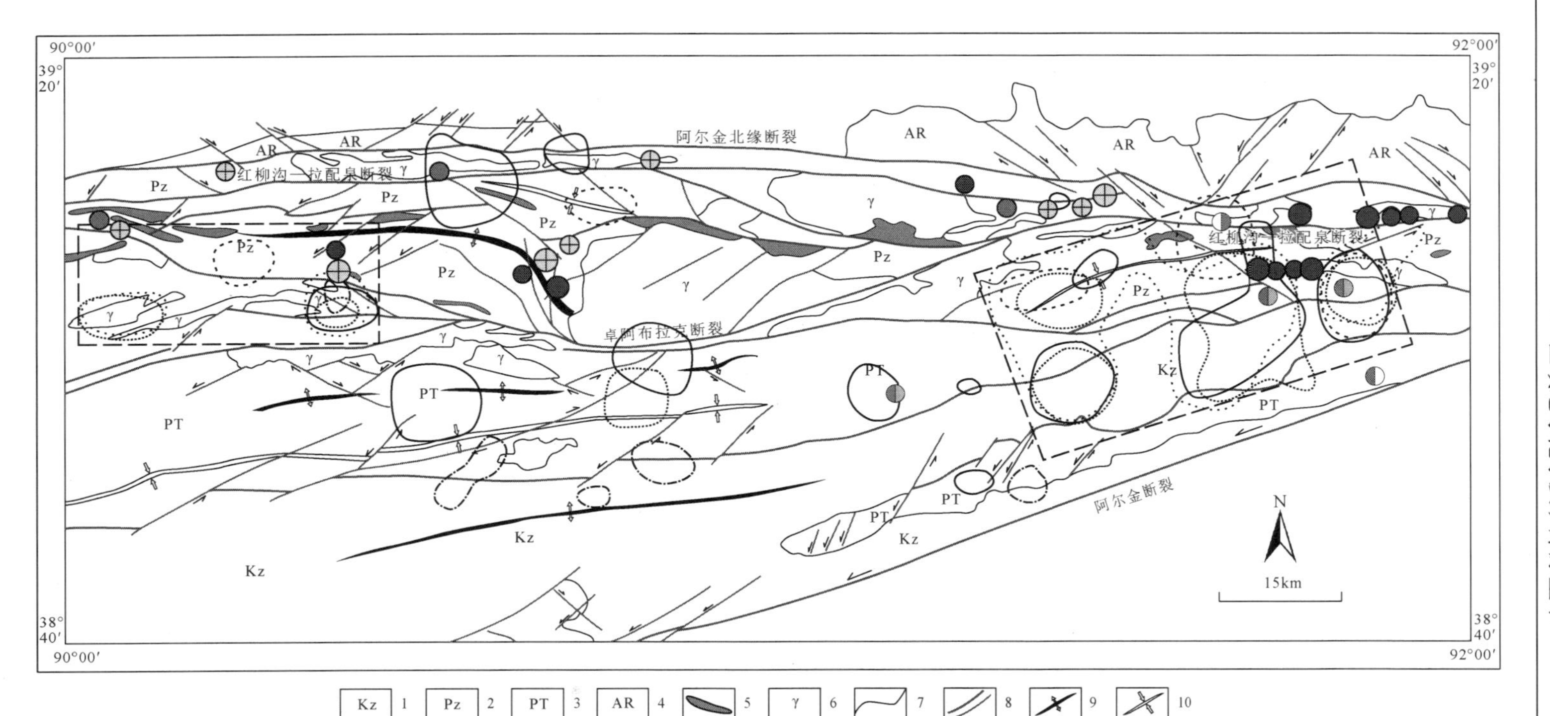

图 4-3 阿尔金北缘多金属地球化学异常及主要矿产分布图（虚线框表示异常集中区）

1. 新生界；2. 古生界；3. 元古宇；4. 太古宇；5. 基性-超基性侵入岩；6. 中酸性侵入岩；7. 地质界线；8. 主要/次要断层；9. 背斜；10. 向斜；11. 金矿；12. 铁矿；13. 铜矿；14. 铅锌矿；15. 银铅矿；16. 铜锌矿；17. 铜银矿；18. Pb 异常；19. Zn 异常；20. Cd 异常；21. Ba 异常；22. Sr 异常

2）大平沟异常带

该异常带位于研究区中部北侧，发育有 Cu、Pb、Zn、Cd、Au、Ag、As、Sb、La、Nb、Th、Ba、U、Y 和 Zr 15 种元素的异常，其中 Cu、Pb、Zn、Au、Ag、Sb、As、Ba 和 Cd 异常与前寒武纪变质岩、断裂带和早古生代火山岩有密切关系，La、Nb、U、Th、Y 和 Zr 异常主要与花岗岩相关。该带已发现矿床有大平沟西金矿点、大平沟金矿等。

3）索尔库里—喀腊大湾异常带

该异常位于研究区中部偏东的南侧，阿尔金断裂以北，发育有 Cu、Pb、Zn、Au、Ag、As、Cd、Ba 元素异常及组合异常，元素组合异常以 Cu、Zn、Pb 和 Ag 为主，伴生元素有 Au、Ba、As 和 Cd 等，该异常带近 EW 向断裂发育，破碎带蚀变强烈，是寻找铜银多金属矿床的潜力区。该异常带与区内出露中元古代碳酸盐岩-碎屑岩建造的变质岩、早古生代中酸性火山沉积岩和早古生代中酸性侵入岩有密切关系。目前在该异常带内已发现喀腊达坂铜锌矿、阿北银铅矿、喀腊大湾铜锌矿、索尔库里北山铜银矿等。

4.2 矿床原生晕采样及分析方法

4.2.1 矿床原生晕采样

为了研究不同类型矿床成矿元素及伴生元素地球化学分布特征，本次在阿尔金北缘选取了贝克滩南金矿、喀腊大湾 7918 铁矿和喀腊达坂铅锌矿为研究对象，对各矿区分别布置了 1 条矿床原生晕剖面，基本是每隔 20～30m 采集一个基岩样品，采样深度为 0～30cm，共采集了 113 个样品。对不同类型矿床选择了不同成矿元素的测试，表 4-1 为三个矿床原生晕分析的元素。样品测试单位为中国地质科学院地球化学地球物理勘查研究所，测试方法：Au 元素为（无）火焰原子吸收光谱法，Ag、Sn、B 元素为发射光谱法，As 元素为氢化物-原子荧光光谱法，Hg 元素为冷蒸气-原子荧光光谱法，Mn、V、Ti、Fe 元素为等离子体光谱法，其他元素为等离子体质谱法。各矿床元素测试结果见附录矿床原生晕数据表。

表 4-1 矿床原生晕分析元素

矿床	分析元素
贝克滩南金矿	Au、Bi、Sn、Cu、Mo、Hg、Sb、Ag、As、Pb、Zn
喀腊大湾 7918 铁矿	Ni、Co、Ti、V、Mn、Fe、Cu、Zn、Mo、Sn、B、Pb
喀腊达坂铅锌矿	Ag、As、Bi、Cd、Cu、Hg、Mo、Pb、Sb、Sn、W、Zn

4.2.2 元素组合分析

本次进行的矿床原生晕地球化学数据处理方法为常用的因子分析、相关分析和聚类分析方法。因子分析是利用一个相关矩阵将复杂的相关性高的变量（元素）归并为少数几个相关性低而又不减少数据信息的一种多元统计分析方法，类似于主成分分析。相关分析是一种利用元素之间的相关系数来衡量元素间的亲和性的简单而直接的数学分析方法（章永梅等，2010）。聚类分析是依据元素之间可能存在的相似性，并根据相似程度进行分类的统计学方法，在分类过程中不必事先定义分类标准而自动进行分类，归为一类的元素，被认为是具有成因联系或伴生的（张峰，2014）。

4.3 矿床原生晕分析

4.3.1 贝克滩南金矿

贝克滩南金矿位于研究区西段，发育有中元古代或早古生代火山沉积岩系，以玄武岩、英安岩和流纹岩及砂岩、粉砂岩、泥岩、泥灰岩等为主；作为红柳沟断裂的组成部分，区内发育强烈韧脆性变形。同时在金矿区发育有中小型规模的中基性早古生代侵入岩，具备提供成矿作用的热和一定的流体能力，地表及探槽内除了发生强烈的构造变形外，明显发育有黄铁矿、褐铁矿化、硅化、绢云母、绿泥石化围岩蚀变。前人的化探 Au 元素异常及黄金等重砂矿物异常明显。

贝克滩南金矿是受韧脆性变形带控制的石英脉型金矿床，韧脆性变形带内片理化强烈，穿切各种岩石，包括超基性岩、玄武岩、安山岩、英安岩、流纹岩和砾岩、砂岩、粉砂岩及花岗岩等。韧脆性变形带内石英脉、方解石石英脉、重晶石石英脉发育强烈，脉宽不等，最细为 1cm，最宽达 20cm，长度也是从几米到几十米不等，且在多处显示有金的矿化。韧性剪切带变形面理（即 C 面理）走向 280°～290°，倾向南西，倾角 75°～80°，变形面理上线理向南东侧伏，侧伏角 30°～65°，显示左行正断的运动性质。石英脉型金矿体发育在变形带内，走向 280°～290°，倾向北东，倾角 70°～80°。

本次原生晕剖面起点位于贝克滩南金矿的北侧，起始点岩性为浅红色灰岩，坐标为东经 90°25′10″，北纬 39°05′26″，剖面呈 NS 走向切穿金矿体中段，终点位于矿床南侧的钾长花岗岩，剖面长约 1200m。Au、Ag、Zn 元素含量及实测地质剖面如图 4-4 所示。

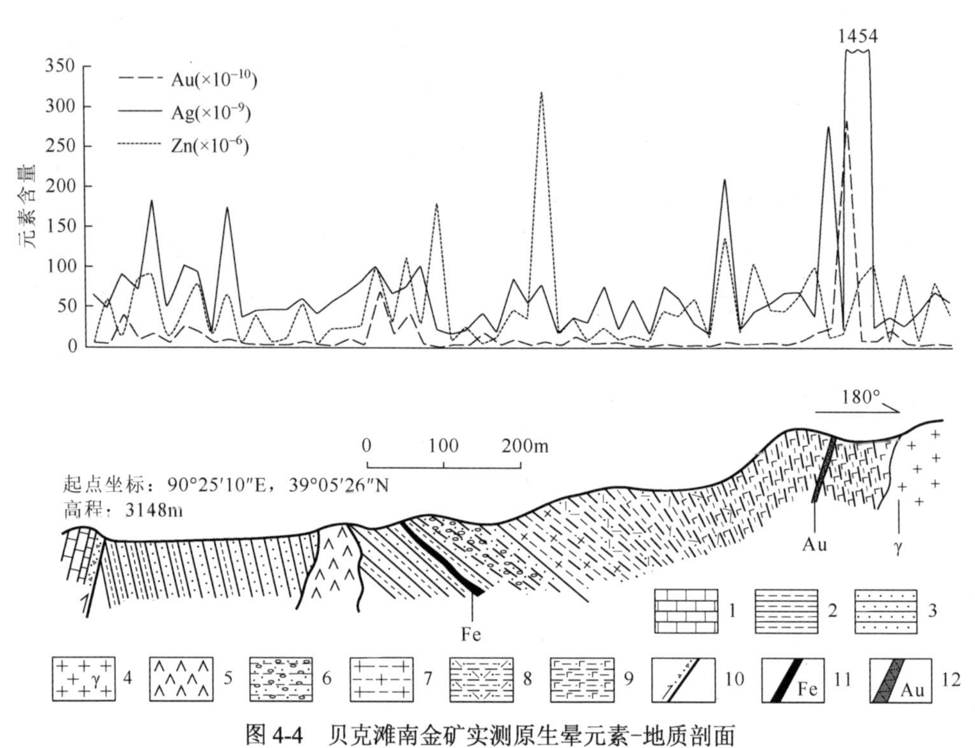

图 4-4　贝克滩南金矿实测原生晕元素-地质剖面

1. 灰岩；2. 泥岩；3. 粉砂岩；4. 花岗岩；5. 超基性岩；6. 强糜棱岩化砂砾岩；7. 花岗质糜棱岩；8. 流纹质糜棱岩；9. 强片理化玄武岩；10. 断裂及破碎带；11. 赤铁矿体；12. 石英脉金矿体

1）因子分析

对所测成矿元素进行主成分因子分析可知（表 4-2），元素存在 3 个组合：Sb-As-Mo、Bi-Pb-Zn-Sn、Cu-Sb。

表 4-2　贝克滩南金矿成矿元素主因子分析结果

因子	Au	Ag	As	Bi	Cu	Hg	Mo	Pb	Sb	Sn	Zn
*F*1	–0.04	0.14	<u>0.82</u>	–0.24	0.21	–0.19	<u>–0.63</u>	–0.35	<u>0.82</u>	–0.45	0.24
*F*2	–0.20	0.25	0.12	<u>0.72</u>	0.34	0.25	–0.44	<u>0.56</u>	–0.06	<u>0.46</u>	<u>0.67</u>
*F*3	–0.10	–0.40	0.46	0.33	<u>–0.67</u>	–0.08	0.18	0.34	<u>0.50</u>	0.43	–0.40

注：加下划线的数据表示成矿元素之间的相关性较强。

2）相关分析

贝克滩南金矿成矿元素相关性分析结果见表 4-3。根据成矿元素相关系数表，贝克滩南金矿成矿元素中相关性密切的元素组合为 Sb-As-Mo、Bi-Pb-Sn、Zn-Cu-Mo，结果与因子分析类似。

表 4-3 贝克滩南金矿成矿元素相关系数

	Au	Ag	As	Bi	Cu	Hg	Mo	Pb	Sb	Sn	Zn
Au	1										
Ag	–0.02	1									
As	–0.06	0.001	1								
Bi	–0.07	0.02	0.04	1							
Cu	–0.05	0.27*	–0.04	–0.04	1						
Hg	–0.07	0.05	–0.11	0.29*	–0.09	1					
Mo	0.04	–0.14	–0.34*	–0.08	–0.24	0.03	1				
Pb	–0.09	–0.04	–0.04	0.46**	–0.03	–0.05	0.03	1			
Sb	–0.05	–0.02	0.89**	–0.06	–0.12	–0.14	–0.34**	–0.12	1		
Sn	–0.06	–0.02	–0.1	0.4**	–0.15	–0.01	0.15	0.46**	–0.15	1	
Zn	–0.03	0.14	0.14	0.25	0.43**	0.14	–0.49**	0.08	–0.1	0.07	1

* 相关性在 0.05 水平上显著；** 相关性在 0.01 水平上显著。

3）聚类分析

贝克滩南金矿成矿元素聚类分析树状图（图 4-5）表明元素 As-Sb 组合、Bi-Pb-Sn 组合和 Cu-Zn 组合相关性较高。统计所测元素的均值发现，元素 Zn 含量较高，

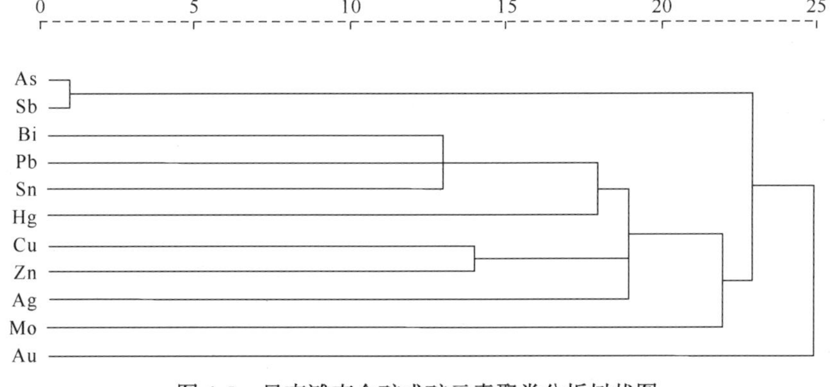

图 4-5 贝克滩南金矿成矿元素聚类分析树状图

而元素 Zn 与 Cu 相关性高，Cu 元素在剖面局部也有高值异常，因此该区具有铜锌矿成矿的可能性。

4.3.2　喀腊大湾铁矿带

喀腊大湾铁矿带位于红柳沟—拉配泉研究区中段的喀腊大湾地区（图 3-3），矿带范围内出露地层为下古生界下奥陶统卓阿布拉克组，主要岩性组合为千枚岩化粉砂岩、泥岩、碳质千枚岩、泥灰岩、板岩、大理岩、结晶灰岩和酸性-中酸性火山凝灰岩、流纹岩、英安岩、安山质玄武岩、晶屑凝灰岩及钠长霏细斑岩、辉绿岩、英安斑岩、花岗岩，其中夹有条带状铁矿层。矿区构造线呈近 EW（NWW）向展布，地层以向北陡倾的单斜层为主，倾角 75°～88°，仅在矿带西段八八铁矿附近可见地层和含矿岩系发生褶皱重复，另外在局部地区出现小型褶曲。区内断裂构造不太发育，主要是斜穿含矿岩系的斜向断裂和平行含矿岩系的层间断裂。区内岩浆活动强烈，主要分布有基性、中酸性侵入岩、各种脉岩及火山岩。

本次采集的是铁矿带中的 7918 铁矿原生晕样品。7918 矿床位于铁矿带中段偏东部位，铁矿体分布呈 EW 向，介于中酸性火山岩和大理岩之间，火山岩位于北侧，大理岩位于南侧，大理岩以南出现中酸性岩体（图 4-6）。

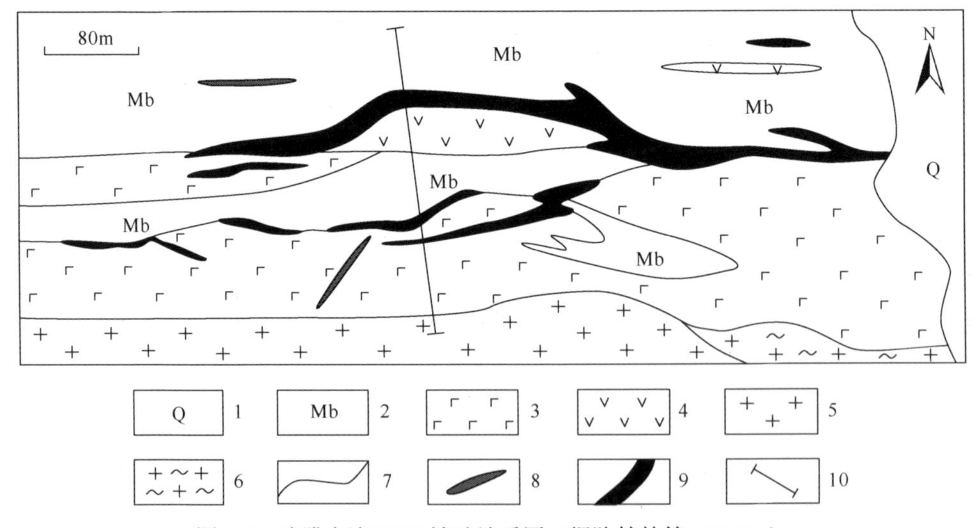

图 4-6　喀腊大湾 7918 铁矿地质图（据陈柏林等，2016a）

1. 第四系；2. 大理岩；3. 浅变质玄武岩；4. 安山岩；5. 早古生代花岗岩；6. 片麻状花岗岩；7. 地质界线；8. 辉绿岩脉；9. 铁矿体；10. 原生晕采样剖面

矿床原生晕剖面呈 NS 走向切穿矿体，起点位置是中酸性岩体内部，岩性为浅灰色中粗粒花岗岩，坐标为东经 90°44′15″，北纬 39°05′09″，终点位于南侧大理岩，剖面长约 500m。实测地质剖面及部分元素含量如图 4-7 所示。分析所测元素含量可知，元素 Ni、Ti、Mn、Zn、Mo、Pb 均值相对高于中国大陆岩石圈丰度，矿床原生晕特点与沉积型铁矿后期经热液改造特征相似（刘崇民，2006）。

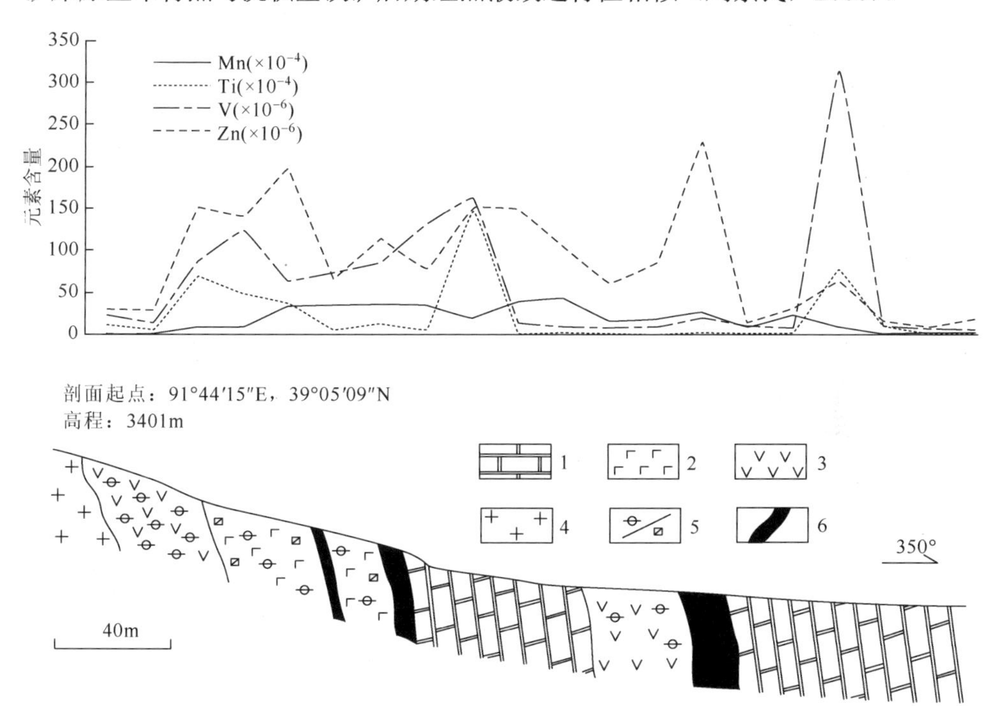

图 4-7 喀腊大湾地区 7918 铁矿实测原生晕元素-地质剖面

1. 大理岩；2. 浅变质玄武岩；3. 安山岩；4. 早古生代花岗岩；5. 石榴子石化/绿帘石化；6. 铁矿体

1）因子分析

对喀腊大湾铁矿带中的 7918 铁矿进行成矿元素主成分因子分析可知（表 4-4），成矿元素存在 3 个主成分，包含的元素组合信息分别为 Co-Ni-V-Zn-Fe、Cu-Mn-Sn 和 B-Mo-Pb。

表 4-4 喀腊大湾 7918 铁矿成矿元素主因子分析结果

因子	B	Co	Cu	Mn	Mo	Ni	Pb	Sn	Ti	V	Zn	TFe_2O_3
*F*1	0.14	<u>0.96</u>	0.59	0.55	0.43	<u>0.64</u>	−0.04	0.46	0.51	<u>0.72</u>	<u>0.69</u>	<u>0.69</u>
*F*2	−0.08	0.06	<u>−0.74</u>	<u>0.68</u>	0.20	−0.57	−0.01	<u>0.61</u>	−0.47	−0.60	0.44	0.55
*F*3	<u>−0.65</u>	−0.16	0.11	0.06	<u>0.64</u>	0.12	<u>0.68</u>	0.47	0.02	0.02	−0.30	−0.31

注：加下划线的数据表示成矿元素之间的相关性较强。

2）相关分析

喀腊大湾 7918 铁矿 12 个成矿元素相关性分析结果见表 4-5。根据元素相关系数特征，成矿元素中相关性密切的元素组合为 Cu-Ni-V、Co-Ni-V-Zn-Fe 及 Mn-Sn。

表 4-5　喀腊大湾 7918 铁矿成矿元素相关系数

	B	Co	Cu	Mn	Mo	Ni	Pb	Sn	Ti	V	Zn	Fe
B	1											
Co	0.19	1										
Cu	0.11	0.52*	1									
Mn	−0.05	0.50*	−0.14	1								
Mo	−0.18	0.29	0.15	0.34	1							
Ni	0.05	0.58**	0.92**	0.06	0.06	1						
Pb	−0.1	−0.1	0.07	−0.15	0.4	0.02	1					
Sn	−0.29	0.38	−0.1	0.72**	0.47*	0.14	0.22	1				
Ti	0.03	0.4	0.45*	−0.12	0.36	0.28	−0.03	−0.2	1			
V	0.004	0.62**	0.82**	0.03	0.13	0.76**	−0.1	0.01	0.7**	1		
Zn	0.28	0.73**	−0.04	0.55*	0.24	0.005	−0.08	0.35	0.37	0.2	1	
Fe	0.27	0.8**	−0.02	0.66**	0.18	0.09	−0.17	0.49*	0.01	0.2	0.8**	1

* 相关性在 0.05 水平上显著；** 相关性在 0.01 水平上显著。

3）聚类分析

对喀腊大湾 7918 铁矿成矿元素进行聚类分析可知（图 4-8），元素 Cu、Ni、V 相似性高，为一类；元素 Co、Fe、Zn 为一类。结果与因子分析和相关分析类似。

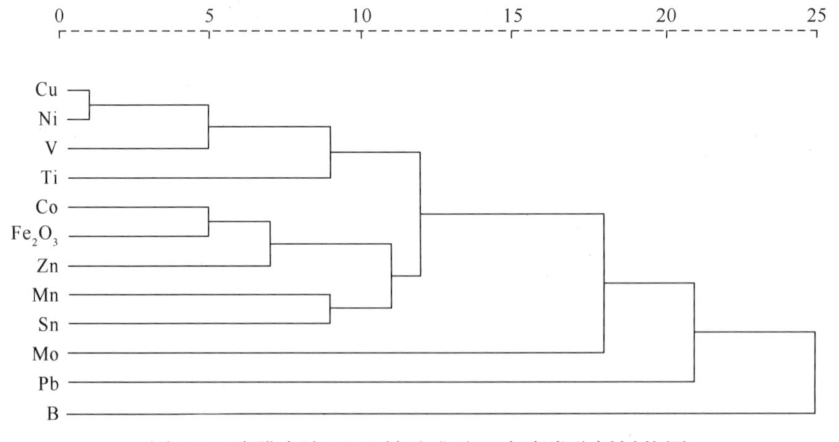

图 4-8　喀腊大湾 7918 铁矿成矿元素聚类分析树状图

4.3.3 喀腊达坂铅锌矿

喀腊达坂铅锌矿在 2006～2009 年由新疆地质矿产勘查局第一区域地质调查大队通过大比例尺地质草（修）测、地表槽探工程、钻探工程及瞬变电磁剖面测量工程等手段，基本查明了铅锌矿体和矿带的空间产状、规模，控制的资源量达到大型的规模。矿体主要赋存于早古生代早奥陶世卓阿布拉克组时期中酸性熔岩、火山凝灰岩层位中，中酸性火山岩-火山碎屑岩是最主要的赋矿岩石。矿区地表矿化蚀变发育强烈，矿化蚀变带与矿体产状一致，呈 EW 走向（图 3-6）。

根据喀腊达坂铅锌矿的矿床特点，布置的矿床原生晕剖面呈 NS 向切穿矿体和矿化蚀变带，剖面起点位于矿体北侧泥灰岩，坐标东经 91°49′01″，北纬 39°04′47″，终点位于矿床南侧中基性火山岩，剖面长约 1000m。实测地质剖面及 Cu、Pb、Zn 元素含量如图 4-9 所示。

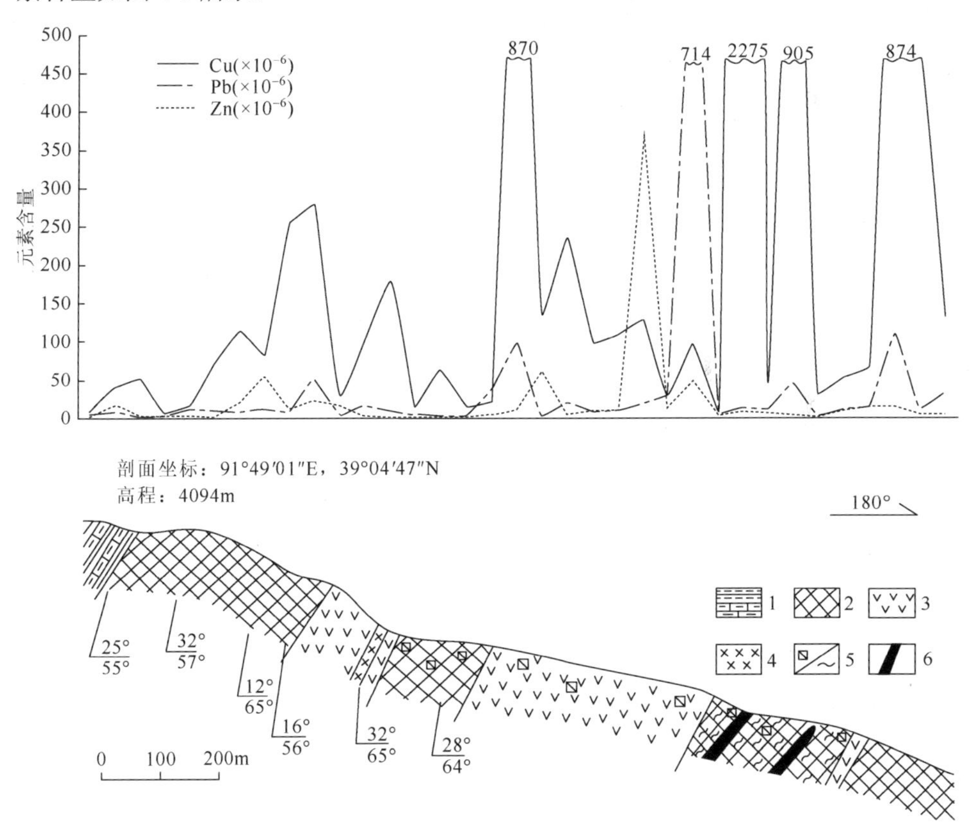

图 4-9 喀腊达坂铅锌矿实测原生晕元素-地质剖面

1. 泥岩/泥灰岩；2. 流纹质晶屑凝灰岩；3. 安山岩；4. 辉绿岩脉；5. 黄铁矿化/绢云母化；6. 铅锌矿体

统计所测成矿元素的均值可知，元素 Pb、Zn、Mo、Sb、W 的均值高于中国大陆岩石圈丰度几倍至十几倍，这些元素对应着矿体的前晕至中晕部分，说明喀腊达坂铅锌矿出露的是矿体前部，在地表以下存在矿体主体部分。

1）因子分析

对所测成矿元素进行主成分因子分析可知（表 4-6），元素存在 3 个组合：Ag-Hg-Pb-Sb-Sn-Mo-W、Bi-W、Cd-Zn。

表 4-6　喀腊达坂铅锌矿成矿元素主因子分析结果

因子	Ag	As	Bi	Cd	Cu	Hg	Mo	Pb	Sb	Sn	W	Zn
*F*1	0.91	0.29	0.32	−0.10	0.1	0.9	0.66	0.84	0.83	0.74	0.56	−0.13
*F*2	0.32	−0.44	−0.55	0.48	−0.18	0.17	−0.54	0.47	0.45	−0.14	−0.55	0.55
*F*3	−0.19	0.05	0.37	0.78	0.04	0.05	0.18	−0.18	−0.24	0.32	0.3	0.75

注：加下划线的数据表示成矿元素之间的相关性较强。

2）相关分析

根据元素测试分析结果，喀腊达坂铅锌矿成矿元素相关性分析结果见表 4-7。结果表明所测成矿元素中相关性密切的元素组合为 Ag-Hg-Pb-Sb、Cd-Zn、W-Mo-Bi，与因子分析结果类似。

表 4-7　喀腊达坂铅锌矿成矿元素相关系数

	Ag	As	Bi	Cd	Cu	Hg	Mo	Pb	Sb	Sn	W	Zn
Ag	1											
As	0.19	1										
Bi	0.01	−0.07	1									
Cd	−0.06	−0.1	−0.08	1								
Cu	0.06	−0.05	0.33	−0.07	1							
Hg	0.83**	0.12	0.30	0.004	0.05	1						
Mo	0.43**	0.72**	0.36*	−0.12	−0.03	0.48**	1					
Pb	0.96**	−0.01	−0.02	−0.01	0.07	0.81**	0.23	1				
Sb	0.94**	−0.002	−0.04	−0.04	0.05	0.77**	0.24	0.93**	1			
Sn	0.51**	0.20	0.43**	0.03	−0.08	0.58**	0.56**	0.47**	0.48**	1		
W	0.27	0.23	0.56**	−0.10	0.21	0.41*	0.61**	0.18	0.16	0.53**	1	
Zn	−0.08	−0.14	−0.13	0.77**	−0.05	0.01	−0.21	0.04	−0.06	0.04	−0.16	1

* 相关性在 0.05 水平上显著；** 相关性在 0.01 水平上显著。

3）聚类分析

对喀腊达坂铅锌矿成矿元素聚类分析（图 4-10）可知，元素存在 Ag-Pb-Sb-Hg、Zn-Cd、As-W-Mo 三组相关性强的元素，结果类似于相关分析和因子分析。

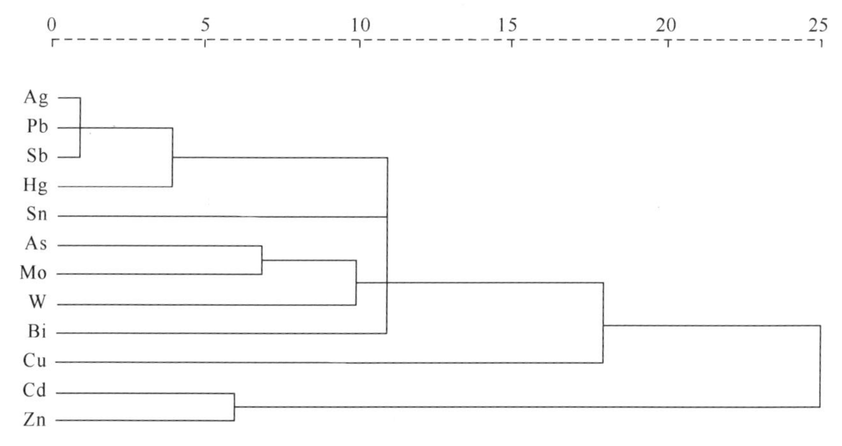

图 4-10 喀腊达坂铅锌矿成矿元素聚类分析树状图

4.4 本章小结

阿尔金北缘地区经历了特别是早古生代以来的火山沉积作用、岩浆侵入活动、变质及构造变形等作用，具有非常丰富的成矿物质来源，形成规模较大、不同元素及元素组合异常的区带。本章的主要内容可以概括为以下几个方面。

（1）分析了 Au、Cu 及多金属元素地球化学异常分布特征：Au 元素异常大致分布在研究区西段红柳沟—恰什坎萨依地区、东段大平沟—喀腊大湾地区和索尔库里北山 3 个集中区；Cu 元素异常大致分布在西段恰什坎萨依—巴什考供—红柳沟和东段喀腊大湾—索尔库里 2 个地区；多金属元素组合异常主要分布在红柳沟—巴什考供和喀腊大湾—索尔库里 2 个区域。研究区存在恰什坎萨依、大平沟和索尔库里—喀腊大湾 3 个元素异常及元素组合异常区带。

（2）对贝克滩南金矿、喀腊大湾 7918 铁矿和喀腊达坂铅锌矿进行了矿床原生晕的测试，并对不同矿床测试的成矿元素进行了因子分析、相关分析和聚类分析。结果表明贝克滩南金矿中 As-Sb、Bi-Pb-Sn、Cu-Zn 元素相关性高，具有铜锌矿成矿的可能性；喀腊大湾 7918 铁矿中 Co-Ni-V-Zn-Fe、Mn-Sn、Cu-Ni-V 元素相关性高，矿床形成具有沉积加后期改造特点；喀腊达坂铅锌矿中 Sb-Pb-Ag-Hg、Cd-Zn、W-Mo-Bi 元素相关性强，地表以下可能存在矿体主体部分。

5 遥感影像信息提取

20 世纪 90 年代以来，随着遥感空间分辨率、时间分辨率及光谱分辨率的提高，遥感技术的应用领域越来越广，如在农业林业方面，可以改善植被种植结构、优化农林用地现状；在城市规划方面，可以进行城镇扩展动态监测、城市建设规划和城市环境评价；在海洋方面，可以调查海洋污染。此外，在环境、在气象、水文、灾害、军事等领域均有应用。

近年来，遥感在地质领域的研究和应用有了很大的发展和提高，主要体现在影像信息提取的方法和实际应用的成果上。遥感影像中蕴藏着大量的地质信息，如不同类型地貌特征、不同类别构造特征、三大岩石岩性特征等。在矿产勘查工作中，充分利用遥感影像所包含的信息可以大大节省人力、物力和时间，提高野外工作效率，达到事半功倍的效果。遥感技术在地质领域主要发挥着以下几种作用：一是利用高分辨率遥感影像进行构造、岩性的识别和解译；二是利用波段比值法、主成分分析法、光谱角制图法等对 OH^-、CO_3^{2-}、Fe^{2+}、Fe^{3+}等矿化蚀变信息进行提取；三是利用遥感影像蕴含的“线-带-环-色-块”所反映的与矿带、矿田和矿化有关的信息，建立典型矿床遥感找矿模型，在遥感影像上圈定成矿有利地段或找矿远景区。

目前，遥感构造、岩性解译和矿化蚀变提取研究中，运用最多的遥感影像是美国国家航空航天局（National Aeronautics and Space Administration，NASA）发射的 Landsat 系列卫星影像。该系列卫星已发射 8 颗，除第 6 颗发射失败，前 5 颗已退役，Landsat-7 和 Landsat-8 分别于 1999 年和 2013 年发射升空并获取影像。根据矿物光谱反射特征，理论上能被 Landsat 系列卫星影像识别的蚀变矿物有三类：第一类是铁的氧化物、氢氧化物和硫酸盐矿物，包括褐铁矿、赤铁矿、针铁矿和黄钾铁矾等，这类矿物在 ETM + 影像的 1、2、3 波段，光谱反射率曲线上升梯度较大，而在波段 4 附近有一个较强的光谱吸收带。第二类是羟基类矿物，包括云母和黏土矿物，其反射率曲线的典型特征是在 2.2～2.3μm（TM + 影像的波段 7）存在有较强的光谱吸收。第三类是碳酸盐矿物（方解石和白云石）和水合硫酸盐矿物（石膏和明矾石）在 ETM + 影像波段 7 均有较强的光谱吸收（王润生等，1999；田淑芳和詹骞，2013）。

5.1 数据来源

本次研究数据主要为 Landsat-7 卫星的 ETM + 影像，影像数据来源于中国科学院计算机网络信息中心地理空间数据云(影像下载地址：http://www.gscloud.cn)。Landsat-7 卫星 ETM + 机载扫描行校正器（scan lines corrector，SLC）在 2003 年 5 月 31 日突然发生故障，导致获取的图像出现数据重叠和大约 25%的数据丢失，因此 2003 年 5 月 31 日之后 Landsat-7 的所有数据都是异常的，需要采用 SLC-off 模型校正。虽然可通过单一影像自适应局部回归模型和单一影像固定窗口局部回归模型等对图像进行修复，但可能与地物波谱特征存在偏差，影响后续的矿化信息提取。另外，岩性解译和蚀变提取与影像是否有覆盖有关，如云层、冰雪、植被等，而与影像时相关系不大。Landsat-8 卫星上携带 OLI（operational land imager）陆地成像仪和 TIRS（thermal infrared sensor）热红外传感器，其空间分辨率和光谱特性等方面与 Landsat-7 保持基本一致，卫星一共有 11 个波段，波段 8 为全色波段，空间分辨率 15m，其余波段的空间分辨率为 30m。

本次研究主要采用 2002 年 Landsat-7 ETM + 影像数据 2 景，获取原则是尽量避免云层、冰雪、植被等的覆盖。ETM + 影像数据包括 8 个波段（Band），前 5 个波段和第 7 波段的空间分辨率为 30m，波段 6 的空间分辨率为 60m，波段 8 为全色波段，空间分辨率为 15m，南北的扫描范围大约为 170km，东西的扫描范围大约为 183km。表 5-1 为本次研究获取的 ETM + 影像数据具体参数，表 5-2 为影像标准参数，表 5-3 为影像波段参数。

表 5-1 获取的研究区 ETM + 影像参数表

数据类型	条带号	行编号	时相	中央经度/(°)	中央纬度/(°)	太阳高度角/(°)	太阳方位角/(°)	平均云量/%
ETM + Level1T	139	33	2002-8-26	91.4694	38.9036	54.5250	136.8355	0
ETM + Level1T	140	33	2002-9-2	89.9126	38.9025	52.6652	139.7630	3

表 5-2 影像标准参数

产品类型	Level 1T 标准地形校正
单元格大小	15m：全色波段 8；30m：反射波段 1～5 和 7；60m：热波段 6H 和 6L
输出格式	GeoTIFF

续表

取样方法	三次卷积
地图投影	UTM-WGS 84 南极洲极地投影
地形校正	L1T 数据产品经过系统辐射校正和地面控制点几何校正，并且通过 DEM 进行了地形校正。此产品的大地测量校正依赖于高精度的 DEM 数据和精确的地面控制点

表 5-3 影像波段参数

Band	波段	波长/μm	分辨率/m	主要作用
1	蓝色	0.45～0.52	30	能够穿透水体，分辨土壤植被
2	绿色	0.52～0.60	30	分辨植被
3	红色	0.63～0.69	30	该波段位于叶绿素吸收区域，在观测道路、裸露土壤、植被种类等方面有很好的效果
4	近红外	0.76～0.90	30	用于估算生物数量，该波段可以从植被中区分出水体，分辨潮湿土壤，但是对于道路辨认效果不如 Band 3
5	中红外	1.55～1.75	30	用于分辨裸露土壤、道路和水，判别不同植被类型，并且有较好的穿透大气、云雾的能力
6	热红外	0.40～12.50	60	对热辐射的目标敏感度较强
7	中红外	2.09～2.35	30	分辨不同类别的岩石、矿物，也可用于辨识植被覆盖和湿润土壤
8	微米全色	0.52～0.90	15	得到的是分辨率为 15m 的全色黑白图像，用于增强空间分辨能力

5.2 影像预处理

遥感影像的预处理主要是为了校正传感器在成像过程中的几何畸变、辐射失真、噪声和高频信息损失等，是进行影像进一步处理及信息提取的基础（田淑芳和詹骞，2013）。本次研究下载的影像产品为标准地形校正产品，基准为高精度的数字高程模型（digital elevation model，DEM）数据和精确的地面控制点，即已经过几何精校正。因此，本次影像处理主要是进行辐射校正、图像镶嵌和影像融合。

5.2.1 辐射校正

原始影像包含了地物及大气等辐射信息，大气的存在，辐射经过大气的吸收、反射及散射，使得传感器接收的信号有不同程度的减弱或增强。辐射校正的目的是消除大气中的气溶胶、水蒸气、二氧化碳、固体悬浮物等因素对地物反射光谱的影响。因此，为了得到地表物体的真实光谱特征，必须去除大气对地物的影响。本次研究采用 FLAASH 方法进行辐射校正，影像处理平台为 ENVI4.7。

1）辐射定标

利用 Open external file/Landsat/HDF 菜单，选择_MTL.txt 文件，打开原始影像，通过 Basic tools/Preprocessing/Calibration utilities/Landsat calibration 选择定标波段文件，确定后打开影像，查看图像的 Data 值变为有小数位的辐射值，而原始影像 Data 值为整型。

2）文件类型修改

定标后的文件类型是浮点型，而 FLAASH 大气校正输入的文件类型需是 ENVI 标准栅格文件，且是 BIL 或 BIP 储存格式。利用 Basic tools/Convert data 工具，选择定标后的影像，转换影像存储格式。

3）FLAASH 处理

利用 Spectral/FLAASH 工具，在弹出的窗口中输入影像中心位置、传感器类型、飞行时间、大气模型、气溶胶模型等参数，如图 5-1 所示。设置好参数后即

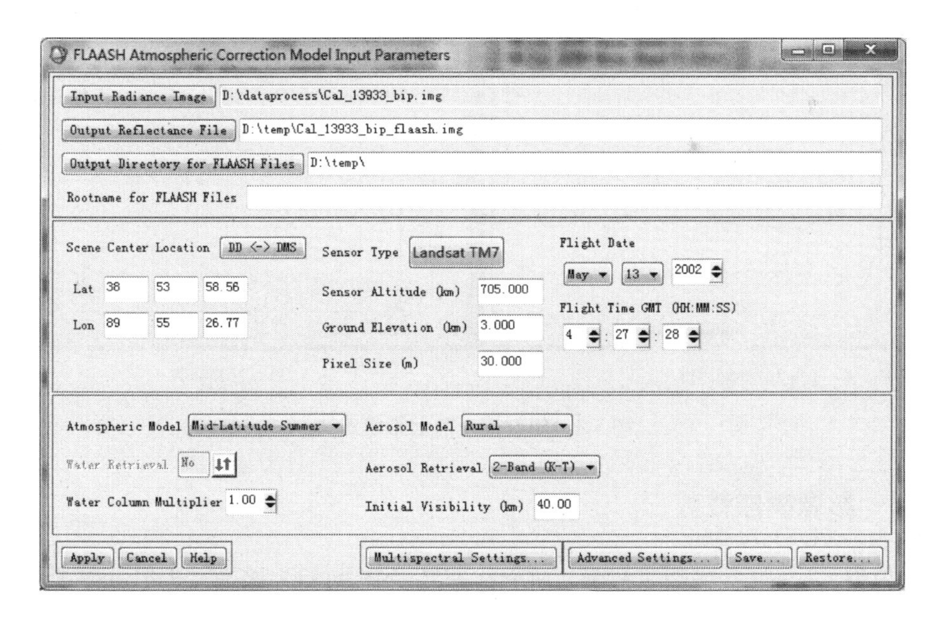

图 5-1 FLAASH 大气校正参数设置

可进行大气校正。同时打开辐射校正后的影像和原始影像，并进行地理坐标连接（geographic link），使二景影像坐标对应，打开同一地物波谱特征曲线，可以看到特征曲线有明显差异（图 5-2）。一般情况下，在有植被覆盖的地区，可以对比观察辐射校正前后植被的光谱曲线确定校正效果：植被在中心波长为 0.45μm（ETM + 波段 1）和 0.65μm（ETM + 波段 3）为吸收峰，在中心波长 0.54μm（ETM + 波段 2）为反射峰。通过对特征反射波谱曲线的对比可知，辐射校正后的影像更能反映实际地物信息。

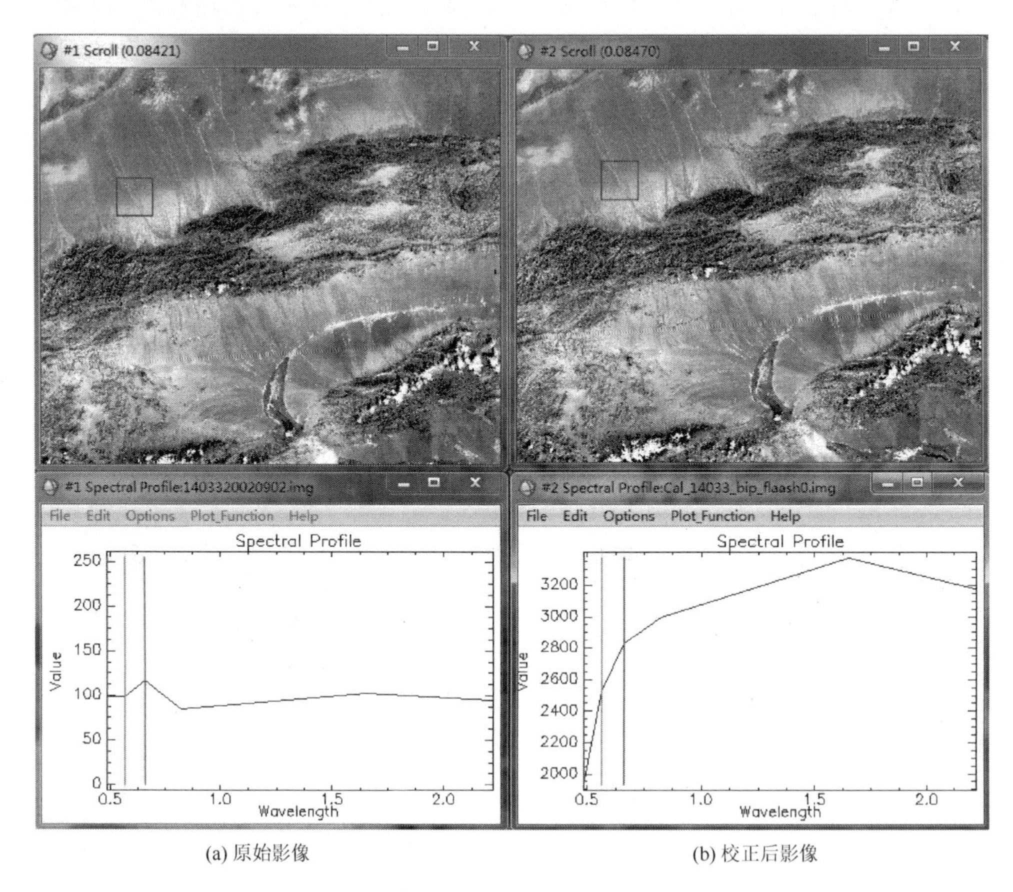

(a) 原始影像　　　　(b) 校正后影像

图 5-2　辐射校正前后影像对比

5.2.2　影像镶嵌裁剪

根据 Landsat 影像图幅范围，研究区涉及二景 ETM + 影像，为了方便后期构造信息提取及影像的出图等，需对二景影像进行镶嵌，使之成为一个研究区完整图像。图像镶嵌一般需满足两个条件：一是将二景影像进行匹配；二是二景影像需有一定的重复区域。影像匹配是为了削弱太阳光强、大气成分、获取时间的差异及传感器本身不稳定性而导致的二景影像亮度值和对比度的差异，而影像的重复区域能精确配准。

镶嵌的实现步骤为 Map/Mosaicking/Georeferenced，将辐射校正后的影像导入镶嵌窗口，以一景影像为基准，设置色彩平衡（拼接的影像尽量在同一时间或相近时间获取，减少大气对成像的影响），即可完成影像的镶嵌。

裁剪主要是根据研究区范围裁剪出与研究区相同面积的遥感影像。影像裁剪的方法很多，可根据影像、范围、矢量文件、感兴趣范围（region of interesting，ROI）进行裁剪，由于本次研究区为规则矩形，利用经纬度范围即可裁剪。裁剪后的影像真彩色合成如图 5-3 所示。

5.2.3 影像融合

影像融合是将空间或时间上互补或冗余的信息按照一定的算法进行处理，以此获得一幅更高空间分辨率、时间分辨率和光谱分辨率的新图像。目前基于像素进行遥感影像融合的方法主要有 HSV（hue，saturation，value）变换、Brovey 变换、Gram-Schmidt spectral sharpening 变换、PC（principal component）spectral sharpening 变换、color normalized spectral sharpening 变换等，对于中等分辨率影像，PC spectral sharpening 变换总体效果最优。本次研究主要是将研究区 30m 分辨率波段与 15m 全色波段进行融合，得到 15m 分辨率的多光谱影像，辅助解译构造信息。实现具体步骤为 Transform/Image sharpening/PC spectral sharpening，分别选取低分辨率影像和全色波段。

5.3 构造信息提取

构造信息提取主要是利用遥感影像识别、解译、提取各种构造形迹，分析各种构造形迹的空间展布和组合规律，以及这些构造形迹与区域矿产的关系，总结区域构造特征，编制区域构造解译图件。解译的基本原则是尽量收集不同时相、不同类型、多波段遥感影像；遵循构造地质学基本理论和原理；结合区域地质资料进行对比分析（田淑芳和詹骞，2013）。

图 5-3　研究区 ETM + 影像真彩色合成图

本次提取的构造信息主要是研究区的线性构造和环形构造，线性构造和环形构造与矿产关系十分密切，一方面为成矿元素富集提供空间，另一方面提供矿液运移的能量。同时，线性构造和环形构造在遥感解译中解译效果明显，其解译效果常常比野外观测效果更佳。例如，在植被发育地区，地表很难观测或识别断层，还有一些大型断裂构造，在地表较为隐蔽，野外难以识别或追索，但在遥感影像上构造形迹却特别明显。

5.3.1 线性构造

线性构造在遥感影像上常以控制岩相、岩性、水系发育、地形地貌等直接或间接方式表现出来。线性构造包括各种岩性界线、不整合界线、侵入体界线及断裂破碎带，本次解译的线性构造主要是断裂破碎带。线性构造解译的直接标志有：①岩性、地层等地质体被切割、错断，使地质体在影像上延伸突然截止，或地质体边界异常笔直；②构造破碎带直接出露。间接标志有：①色调标志；②地貌标志，如断层崖的线状展布、断层三角面及山脊、河谷的错断，一系列活动异常点的线状展布或线性负地形；③水系标志，如水系错断、异常、对口河、倒钩河等；④岩浆、热液活动及植被等标志。断裂构造常用解译标志如表 5-4 所示（田淑芳和詹骞，2013）。

表 5-4 遥感影像中断裂构造解译标志

标志	解译内容
构造标志	主要有构造产状的突变，如断层两侧构造的强度、形态及结构复杂程度不同；构造中断，如不同影像特征的地层突然相截，岩墙、岩脉的突然中断等；断层的伴生构造，如断层一侧出现岩层、岩脉的偏转、小褶皱现象等
色调标志	岩断裂带常有色调的显著差异，通过不同波段的组合可突显断裂的色调差异
地貌标志	线状沟谷：沿断层带常形成平直的沟谷，且延伸较远，延伸方向与周围地物有所差异 线状凹地：一系列凹地（负地形）在影像上呈线状或串珠状展布，表示有断裂带发育 断层崖：一系列呈线状分布的陡坎、陡崖，与周围山脊走向成一定夹角，并切穿周围地形；断裂出口处常形成一系列的洪积扇 错断山脊：断层两盘的相对位移使得山脊在地貌上常形成错断 小岩体的线状展布：小侵入岩体或火山岩体呈线状排列出露常表示有隐伏断裂或基底断裂存在
地层标志	在影像上表现地层缺少、横向错开及沿走向斜交等
水系标志	倒钩状、格子状、角状水系、对口河、水系的局部河段异常、线状排列水系整体错动、河湖等某段直线延伸等
岩石标志	岩石破碎、构造透镜体、劈理密集带等指示断层存在

在线性构造解译时，要充分考虑解译标志的差异，如断裂破碎带中岩石相对破碎，含水量较多，在热红外影像上，破碎带呈现明显的色调异常（朱亮璞，1994），在波段合成中引入热红外波段能够突出断裂破碎带信息。通过对不同波段的组合、图像增强和研究区构造解译标志的分析，结合区域地质资料和野外地质调查，对研究区的断裂构造进行了解译，其解译结果如图 5-4 所示。

研究区遥感影像线性构造解译表明，区内断裂构造发育，主体构造线呈 NE 向和近 EW 向，区内发育有 5 条主要断裂，分别为阿尔金断裂、阿尔金北缘断裂、卓阿布拉克断裂、喀腊大湾断裂和喀腊达坂—阿克达坂断裂。这些断裂控制着区内火山岩和岩体的分布，同时在主断裂周围发育有较密集的次级断裂，在已发现的矿床中，多数矿点产出位于这些次级断裂附近，说明矿体发育与线性构造的空间相关性强。对比 ETM + 数据解译的线性构造和阿尔金北缘地区 1∶25 万构造地质简图（图 2-6）可知，研究区主要断裂及线性构造在遥感影像上体现较为明显，解译效果良好，能反映研究区实际构造特征。

5.3.2　环形构造

环形构造在影像上主要表现为由色调、水系、纹理等标志显示的近圆形、环形或弧形，其解译标志与线性构造类似。环形构造反映的地质内容主要有：与岩浆喷出、侵入活动有关，如火山机构（火山口、爆破岩筒、火山锥等）和隐伏侵入岩体；成岩、成矿元素的聚集，如热液蚀变、热辐射等；新构造运动形成的穹窿或凹陷；陨石撞击形成的圆形坑；底辟构造在地表的响应等。根据阿尔金北缘区域地质背景，研究区虽然火山岩发育强烈，但受到后期南北向挤压作用，地层产状发生强烈变化，倾角均较陡，原始可能存在的火山机构已遭到破坏，野外地质调查中也未发现明显的火山机构。因此，研究区的环形构造成因主要与岩浆活动和热液蚀变作用有关，岩浆岩的提取是以 1∶25 万地质图为准，选择与成矿相关的早古生代中酸性侵入岩；热液蚀变的提取主要是根据实测蚀变岩石光谱曲线和 ETM + 影像数据。蚀变信息的提取将在 5.5 节中针对不同的蚀变类型详细阐述。

5.3.3　韧性剪切带

阿尔金北缘地区韧性剪切带较为发育，西起红柳沟，途经恰什坎萨依，至大平沟、白尖山，并向东延伸，主体沿阿尔金北缘断裂，发育于古元古代变质岩及部分岩体中（陈柏林等，2002）。韧性剪切带在影像上一般有如下特征（田淑芳和

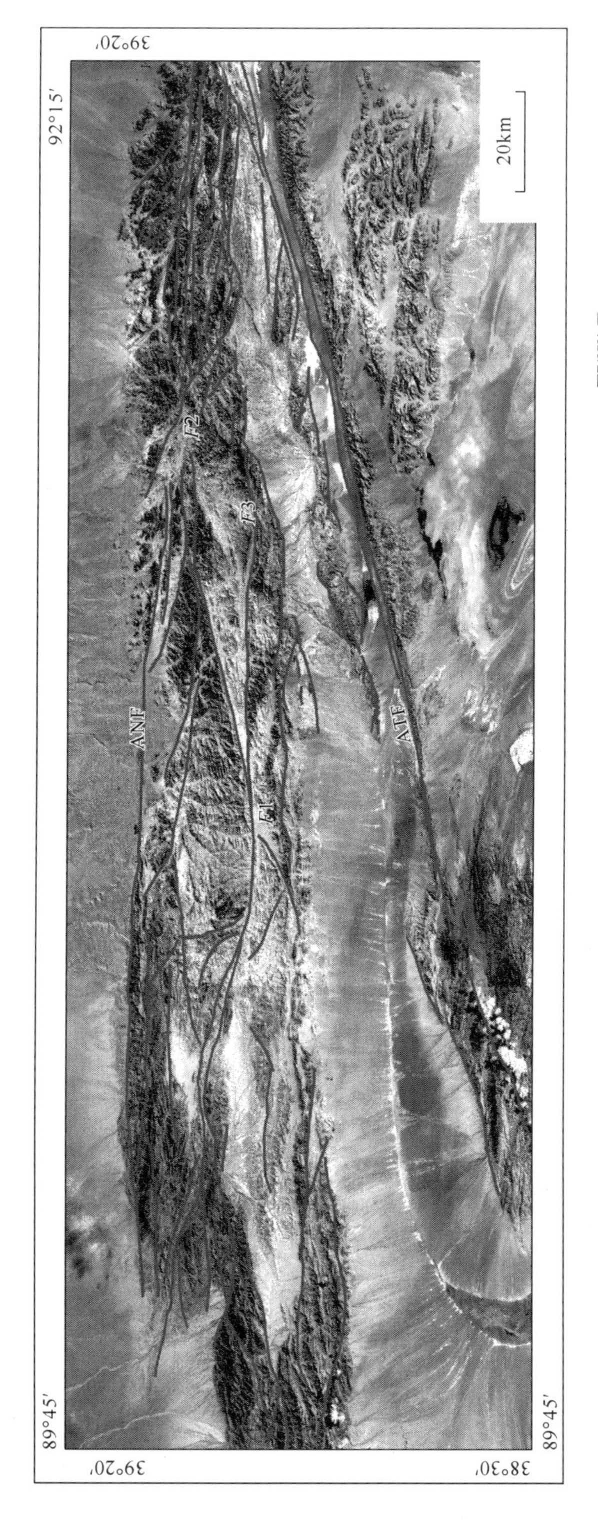

图 5-4 阿尔金北缘 ETM + 影像线性构造解译（底图为 743 假彩色合成）

ATF. 阿尔金断裂；ANF. 阿尔金北缘断裂；

*F*1. 阜阿布拉克断裂；*F*2. 喀腊大湾断裂；*F*3. 喀腊达坂—阿克达坂断裂

詹骞，2013）：①韧性剪切带一般在影像上呈现出由一组近似平行的密集线纹组成的线纹状构造，沿走向时隐时现。线纹构造特征形成原因为韧性剪切带内定向组构（构造片麻理、矿物拉伸线理、糜棱剪切叶理、塑性流变过程形成的条带状矿物等）的差异风化。②韧性剪切带常与后期脆性断裂叠加出现，在影像上呈一条长的线性构造一侧或两侧有密集线纹带出现或长的线性构造与短且密集的线纹构造交替出现。③影像上的线纹构造带密集程度自带中心向两侧呈逐渐减弱趋势。④在线纹构造带两侧一般未出现地质体被明显错断的现象。根据韧性剪切带在遥感影像上的特征，在研究区北部局部地区表现得非常明显，如图 5-5（a）为研究区西段红柳沟韧性剪切带，图 5-5（b）为西段白尖山一带韧性剪切带。

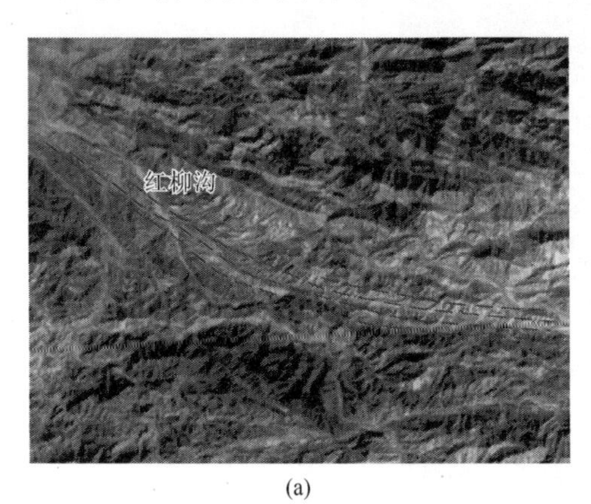

(a)

(b)

图 5-5　研究区红柳沟地区和白尖山地区韧性剪切带 ETM + 影像特征

5.3.4　线性构造与矿产空间关系

构造是驱使成矿物质运动的主导因素，同时也提供了矿液运移的通道和成矿物质沉淀的空间。翟裕生和林新多（1993）将构造对成矿的控制作用总结为 10 个方面，可见构造对矿床的形成和改造有着非常重要的作用。矿床的产出一般位于构造的一定范围之内，这也是构造对矿床的影响范围。

本次研究统计不同矿点与线性构造的直线距离可知（图 5-6）：金矿和铁矿主要集中在线性构造 500m 缓冲区内，分别占金矿和铁矿总数的 81.8%和 82.4%；铅锌铜多金属矿距线性构造相对远，主要分布在 1.5km 缓冲区内，最远距离约 3.3km，说明研究区内构造对金矿和铁矿控制作用较强。因此，在后期找矿预测工作中，确定金矿和铁矿预测的有利线性构造缓冲区范围为 500m，铅锌铜多金属矿预测的有利线性构造缓冲区为 1.5km。

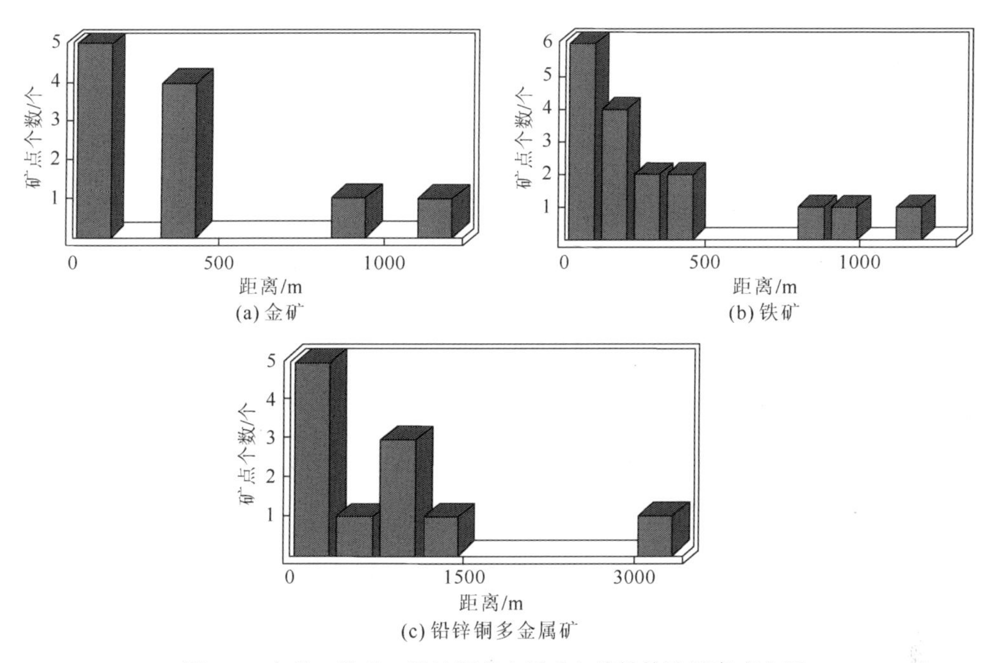

图 5-6 金矿、铁矿、铅锌铜多金属矿与线性构造距离直方图

5.4 岩石光谱特征分析

采集阿尔金典型矿区的矿化和矿石样品，利用 ASD（analytical spectral devices）岩石光谱分析仪对样品进行反射光谱测试（图 5-7），并利用 ViewSpecPro 软件对反射光谱曲线特征提取和重采样，分析样品在各波段的反射性，为后续的岩性或蚀变信息提取提供波谱依据。

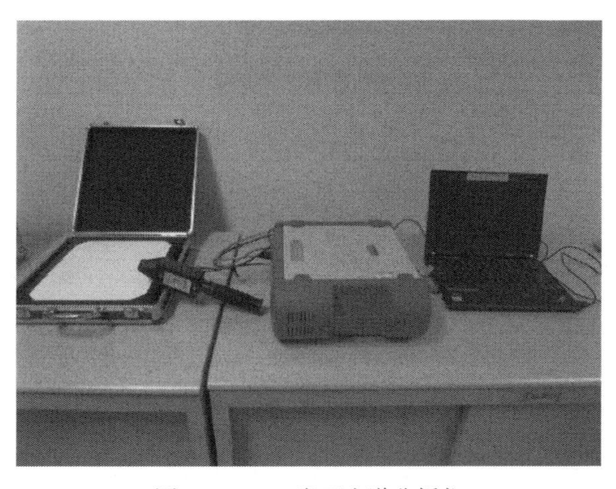

图 5-7 ASD 岩石光谱分析仪

5.4.1　岩石光谱测试

为了避免室外光照条件及大气的影响，本次使用 ASD 岩石光谱分析仪进行岩石样品的室内测试，测试样品以块状为主，部分样品为破碎状。测试过程中每隔若干时间利用标准白板对仪器进行校正，探头扫描样品时间间隔为 10s，每个扫描点（面）测 5 条曲线。利用 ViewSpecPro Version 5.6 光谱软件对 5 条岩石光谱曲线作均值处理，并以反射率格式进行保存，再转化为 ASCII 文件。

在遥感影像处理软件 ENVI 中，使用 Spectral/Spectral Libraries/Spectral Libray Builder 菜单，选择 ASCII File，导入所有的测试光谱数据，保存为 Spectral Libray file，以便后续对岩石光谱数据的分析和处理。

5.4.2　光谱曲线分析

一般情况下，地表矿石露头较少，难以利用遥感影像直接提取矿体信息，但在矿体周边常常伴随较大面积的矿化蚀变，并能够在影像中反映出来。阿尔金北缘地表较为明显的矿化有黄钾铁矾和褐铁矿化，且出露范围较广，满足 ETM + 遥感影像的空间分辨率。因此，本次研究对褐铁矿和黄钾铁矾的光谱特征进行了分析处理。野外采集了红柳沟和喀腊达坂的黄钾铁矾样品，褐铁矿化样品主要采于贝克滩、红柳沟、斯米尔沟、木孜萨依沟、巴什考供盆地北缘、恰什坎萨依及喀腊达坂等地。本次实测的褐铁矿化和黄钾铁矾样品共 12 个，具体岩性及采样位置见表 5-5。

表 5-5　光谱测试样品记录表

样品编号	岩性（原岩）	采样地点
A106-1G	褐铁矿化中酸性火山岩	巴什考供盆地北缘
A181-2G	褐铁矿化中酸性火山岩	恰什坎萨依
A234-12G	褐铁矿化中酸性火山岩	喀腊达坂铅锌矿
A234-16G	褐铁矿化中酸性火山岩	喀腊达坂铅锌矿
A901-4	褐铁矿化玄武岩	贝克滩金矿
A902-1	褐铁矿化中酸性火山岩	红柳沟
A904-1	褐铁矿化石英脉	斯米尔沟
A905-1	褐铁矿化破碎带岩石	斯米尔沟

续表

样品编号	岩性（原岩）	采样地点
A907-1	褐铁矿化中酸性火山岩	木孜萨依沟
A215-G	黄钾铁矾化火山岩	红柳沟南
A243-G	黄钾铁矾化火山岩	喀腊达坂铅锌矿
A902-2	黄钾铁矾化火山岩	红柳沟

对野外采集的褐铁矿和黄钾铁矾进行波谱曲线的测试，反射率波谱曲线特征如图 5-8 和图 5-9 所示。通过对样品的反射率曲线测试和分析，并与 USGS 光谱库中标准样品波谱曲线做对比，发现其波谱吸收峰和谷具有相同特征，说明实际测试的光谱曲线具有可靠性，可以此为依据对研究区遥感影像进行褐铁矿和黄钾铁矾的提取。

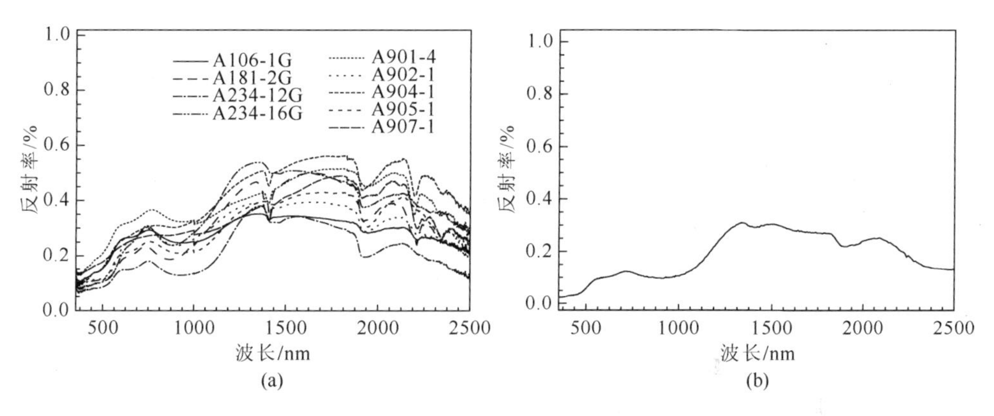

图 5-8 研究区褐铁矿化样品（a）及 USGS 光谱库中褐铁矿（b）反射波谱曲线

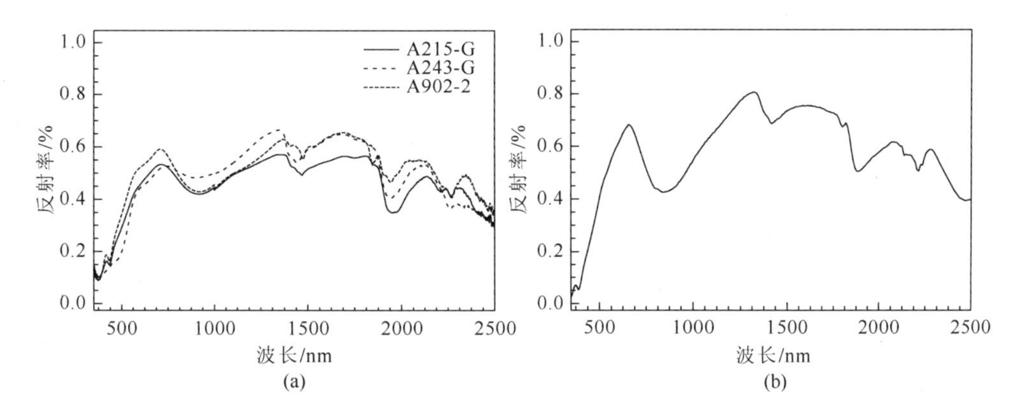

图 5-9 研究区黄钾铁矾样品（a）及 USGS 光谱库中黄钾铁矾（b）反射波谱曲线

5.5 遥感蚀变信息提取

蚀变信息提取是利用遥感数据进行找矿的一个重要内容，地表中等以上强度的蚀变带常常与大矿、富矿紧密相关，如大型、特大型内生热液矿床不仅有强烈且较大范围的围岩蚀变出现，而且具有蚀变分带现象（耿新霞，2011）。地表强烈而大范围的矿化蚀变信息易于在遥感影像上识别和提取。在提取蚀变信息时，除了要对影像进行辐射校正、几何校正等预处理，通常信息还会受到影像上的云层、水体、阴影、第四系等的干扰，因此需要去除这些干扰因素，建立掩膜区。本次研究区无植被和水体覆盖，下载的影像亦无云层，去除的干扰主要是新近纪和第四纪地层。

5.5.1 信息提取方法

遥感自 20 世纪 70 年代应用到地质矿产领域以来，遥感影像中矿化蚀变信息的提取方法一直是研究的要点和热点。目前，基于多光谱遥感数据进行定性和半定量的蚀变信息提取已有了相对完善的技术方法，并且取得了丰硕的成果（Sabins，1999；荆凤和陈建平，2005；Khan and Mahmood，2008；Crouvi et al.，2006；沈焕峰等，2009；薛重生等，2011；van der Meer et al.，2014；甘甫平和王润生，2004；韩玲等，2017；Gupta，2017）。对于遥感蚀变信息的提取，常用的方法主要有比值法、主成分分析法、彩色合成法、光谱角制图法、神经网络分析法、小波分析法等方法。本次研究提取研究区蚀变信息一是利用光谱角制图法和测试的反射率波谱曲线提取了研究区的褐铁矿和黄钾铁矾信息；二是利用“掩膜＋主成分分析法（或比值法）＋密度分割”的方法提取了研究区羟基和铁染信息。

1）光谱角制图法

光谱角制图法（spectral angle mapper，SAM）是监督分类的方法之一，指将一个 N 维空间的点用空间向量来表示，对比野外实测或波谱库中的波谱曲线空间向量角的相似程度来提取某类地物信息，两者的夹角度数越小说明两者的光谱曲线相似度越高，提取和识别的信息可靠程度越好（Kruse et al.，1993；王涛等，2007）。该方法多应用于多光谱或高光谱遥感数据中，波谱分辨率高，易于提取相似信息。

本次利用野外采样和实测样品反射波谱曲线，建立光谱数据库作为信息提取的参考。光谱角制图法以实测样品波谱曲线为参考，充分利用了光谱维的信息，强调光谱的形状特征，相比其他传统分类方法能够去除不同物质波谱相似性的现象，这是光谱角制图法基于波形分类的优势。

2）主成分分析法

主成分分析法（principal components analysis，PCA），又称 K-L 变换，数学意义是将某一多光谱或高光谱图像，利用变换矩阵进行线性变换产生一组新的组分图像，即变换前后光谱坐标系发生一个角度的旋转（梅安新等，2001）。这种变换具有 2 个特点，一是对数据进行了压缩，将数据信息主要集中在前几个波段；二是根据变换后的特征向量可判别特定的光谱信息以达到提取的目的。基于此，根据岩矿的反射率波谱特征可提取矿化蚀变信息，本次就是对阿尔金北缘的 ETM + 影像进行了掩膜和主成分分析，再加上密度分割的方法提取了研究区铁染蚀变信息。

3）比值法

比值法又称除法运算，是将同一影像中两个或多个不同波段的灰度值进行相除，以此来增强或突出目标地物的信息，其还有减弱地形和阴影等影响的优点。地物在不同波段具有不同的吸收和反射波谱的特征，当地物在某一波段具有高的反射率，在另一波段具有强的吸收特征时，通过这两个波段的比值可以突出这一类地物信息。比值法是遥感影像处理中基础而又常用的方法，比较经典的比值运算有比值植被指数等。前人根据蚀变矿物的波谱特征，总结了一些提取蚀变矿物的比值算法，如 ETM + 影像（Band3/Band1）可突出含铁离子蚀变矿物，ETM + 影像（Band5/Band7）可突出含羟基、碳酸根离子蚀变矿物。

5.5.2 褐铁矿化

褐铁矿是以含水氧化铁为主要成分的（包含针铁矿、水针铁矿、纤铁矿等），呈红褐色的矿物混合物。在整个研究区从西边的红柳沟、恰什坎萨依到东边的喀腊大湾、白尖山一带均有褐铁矿化发育，且发育范围较广，地表特征明显。图 5-10 为野外采集的褐铁矿化火山岩样品。

(a) 样品编号：A181-2G

(b) 样品编号：A234-16G

图 5-10　研究区褐铁矿化火山岩样品（拍摄者：孙岳）

本次研究通过对阿尔金北缘不同地段褐铁矿化样品的采集和光谱测试，建立了褐铁矿化样品的光谱数据库，并利用光谱角制图法在 ETM + 影像上提取了研究区的褐铁矿化信息。在最大光谱角设置中，通过多次试验及实际矿化分布特征，每个波谱曲线对应的最大光谱角有所差异：A106-1G 为 0.072，A181-2G、A234-12G 和 A234-16G 为 0.17，A901-4 为 0.062，A902-1 和 A904-1 为 0.097，A905-1 为 0.12，A907-1 为 0.15。综合所有样品，最终提取的褐铁矿化蚀变信息如图 5-11 所示。

从褐铁矿化蚀变的分布来看，蚀变信息主要呈带状，沿区内的 NEE 向阿尔金断裂北侧、阿尔金北缘断裂、卓阿布拉克断裂及喀腊达坂—阿克达坂断裂等主要断裂分布。此外，在西段红柳沟和恰什坎萨依以及东段的白尖山一带也有分布。

5.5.3　黄钾铁矾

黄钾铁矾是金属硫化物在地表氧化而形成，一般呈块状或土状，颜色为黄色、灰白色、暗褐色。黄钾铁矾与热液矿床的关系极为密切，可指示热液矿床产出位置。本次在红柳沟和喀腊达坂地区采集了 3 个黄钾铁矾样品（图 5-12），通过光谱角制图法（最大光谱角设置：A215-G 为 0.092，A234-G 为 0.115，A902-2 为 0.125）提取研究区黄钾铁矾矿化蚀变信息如图 5-13 所示。

从图 5-13 可以看出黄钾铁矾的分布范围相对褐铁矿化蚀变小，集中分布在阿尔金 NEE 向断裂东段北侧，红柳沟、喀腊达坂—阿克达坂断裂及恰克马克塔什达坂地区。实际野外工作中发现面积较大，发育较好的黄钾铁矾在红柳沟和喀腊达坂，其他地区也发现了零星的黄钾铁矾，但是面积太小，ETM + 影像上由于空间分辨率关系而无法提取，指导的找矿意义不大。

图 5-11 阿尔金北缘 ETM＋影像中提取的褐铁矿化蚀变信息

(a)

(b)

图 5-12　红柳沟地表黄钾铁矾蚀变露头（a）及手标本（b）（拍摄者：孙岳）

5.5.4　铁染蚀变

含铁矿物主要有褐铁矿、磁铁矿、角闪石、黄钾铁矾、赤铁矿、针铁矿等，这些矿物在 ETM + 影像 Band 1（0.45～0.52μm）和 Band 4（0.76～0.90μm）有强的吸收带，而在 Band 3（0.63～0.69μm）具有较高反射率。据此利用 Band 1、Band 3、Band 4、Band 5 进行主成分分析，得出四个不相关的主成分信息和特征矩阵。每个主成分的特征矩阵如表 5-6 所示。

表 5-6　根据 ETM + 影像主成分分析特征矩阵

特征向量	Band 1	Band 3	Band 4	Band 5
PC1	0.242304	0.493467	0.544545	0.633443
PC2	0.57448	0.367229	0.222291	−0.696923
PC3	0.718148	−0.125246	−0.596559	0.335701
PC4	−0.309072	0.778426	−0.546054	−0.018766

从表 5-6 可以看出，PC1 主要反映了 ETM + 影像 Band 3 和 Band 5 的信息；PC2 主要反映了 Band 1 和 Band 5 的信息；PC3 反映 Band 1 信息；PC4 增加了 Band 3，减弱了 Band 1 和 Band 4 的信息。根据铁染蚀变矿物的波谱特征（在 Band 1 和 Band 4 具有强的吸收，在 Band 3 具有较高反射率特征），PC4 主分量主要代表了研究区的铁染蚀变信息。再对 PC4 进行统计分析，以均值 + 3 倍标准差为分割阈值提取研究区的铁染信息，结果如图 5-14 所示。

从图 5-14 中可以看出，研究区铁染矿化蚀变也呈带状分布，沿研究区主要断裂展布，与褐铁矿化分布范围基本一致，但面积较小，在阿尔金北缘断裂带周边铁染蚀变信息不明显，断续出现。比褐铁矿化蚀变面积偏小可能是异常分割阈值选择较大引起的。

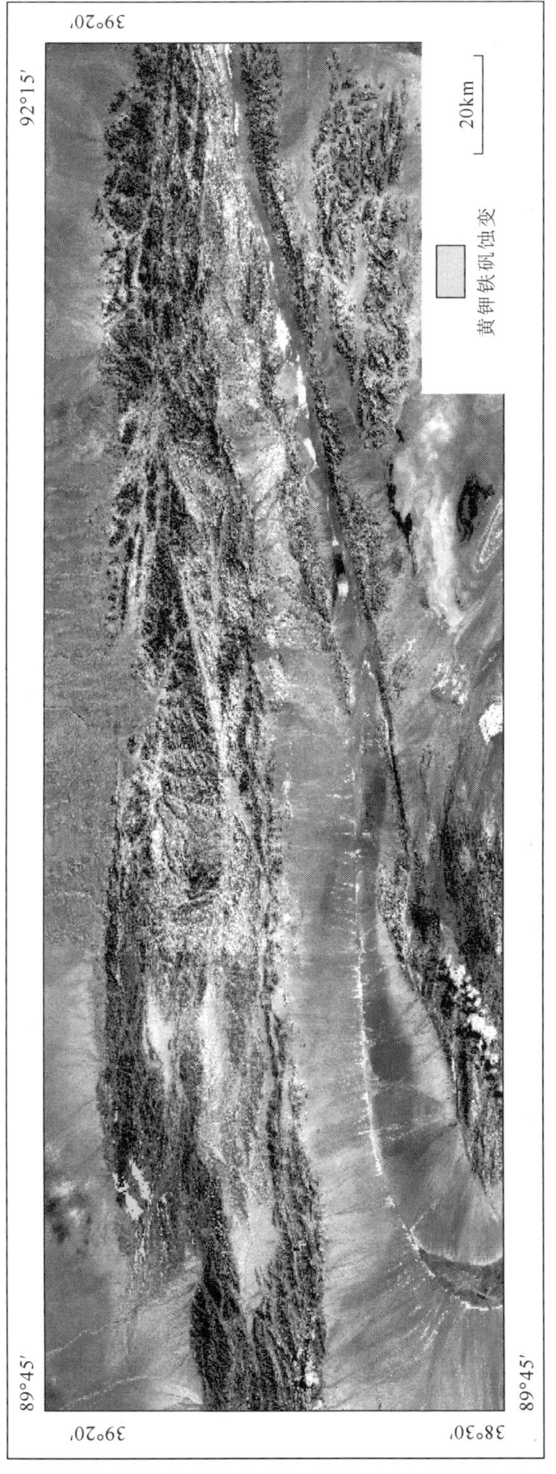

图 5-13 阿尔金北缘 ETM + 影像中提取的黄钾铁矾蚀变信息

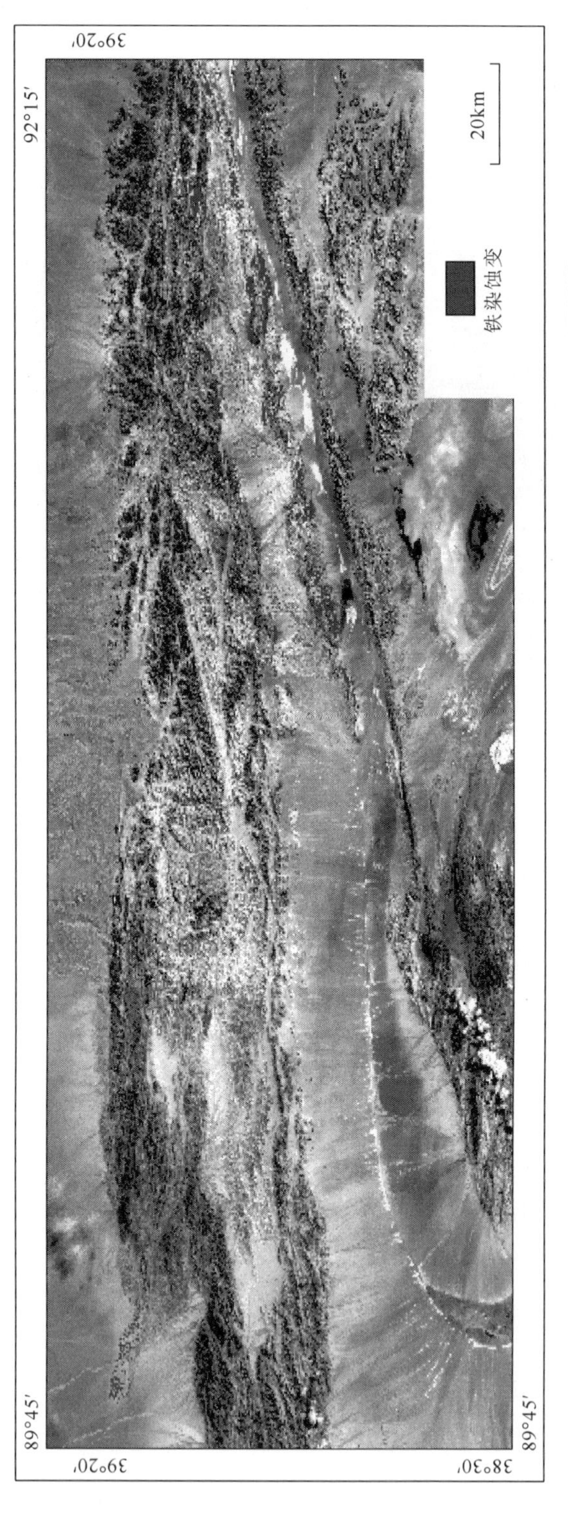

图 5-14　阿尔金北缘 ETM + 影像中提取的铁染蚀变信息

图 5-15 阿尔金北缘 ETM+影像中提取的羟基蚀变信息

5.5.5 羟基蚀变

高岭石、白云母、叶蜡石、蛇纹石、绿泥石、滑石等矿物都含有羟基（OH^-）、碳酸根离子（CO_3^{2-}）或水（H_2O），这些离子和水在 2.2～2.3μm（对应 ETM + 影像 Band 7）附近存在强吸收谷，在 1.55～1.75μm（对应 ETM + 影像 Band 5）附近具有强反射率。本次提取羟基蚀变矿物时，对比了主成分分析法和比值法应用的效果，发现比值法在本区提取的羟基蚀变信息效果更好。因此，根据羟基、碳酸根在 Band 5 具有强反射和在 Band 7 具有强吸收的特点，采用 Band5/Band7 来提取研究区的羟基蚀变信息，分割的阈值为均值 + 1.5 倍标准差，提取的羟基蚀变信息如图 5-15 所示。

从图 5-15 中可以看出羟基蚀变主要分布在阿尔金北缘的红柳沟、恰什坎萨依、大平沟、白尖山一带，以及 NEE 向断裂东段北侧和喀腊达坂—阿克达坂断裂一带。对比褐铁矿化、黄钾铁矾、铁染和羟基蚀变在阿尔金北缘的分布，四种蚀变均展布在研究区断裂带上或断裂带附近，不同类型蚀变异常具有一定的重合性。不同蚀变异常的提取为后期找矿预测奠定了遥感信息基础。

5.6 本 章 小 结

遥感作为地质工作的一种现代化方法技术，在区域地质调查及矿产勘查预测领域发挥着重要作用。遥感数据空间分辨率、光谱分辨率和时间分辨率的极大提高，有着其他技术无法比拟的优势。利用遥感技术优势，以野外岩石样品的波谱特征和矿物自身的波谱特征为基础，利用光谱角制图法和主成分分析法（或比值法）在遥感影像上提取的蚀变信息，为多元信息找矿预测提供了有效依据。本章的主要内容可以概括为以下几个方面。

（1）介绍本次研究所用遥感数据的类型、获取途径及遥感影像的辐射校正、镶嵌、裁剪和融合等预处理过程。

（2）利用 ENVI 软件处理平台和不同波段的组合提取研究区与成矿关系极为密切的线性构造，根据已知矿点与线性构造的空间最短距离，确定金矿和铁矿找矿预测的有利线性构造缓冲区范围为 500m，铅锌铜多金属矿有利缓冲区为 1.5km。

（3）对阿尔金北缘地区进行野外褐铁矿化和黄钾铁矾样品的采集，并利用 ASD 岩石光谱分析仪对样品进行波谱特征的测试和波谱曲线的分析。以此为基础运用光谱角制图法提取了研究区的褐铁矿化和黄钾铁矾蚀变信息。褐铁矿化蚀变主要呈带状分布，沿区内的NEE向阿尔金断裂北侧、阿尔金北缘断裂、卓阿布拉克断裂及喀腊达坂—阿克达坂断裂等主要断裂分布。黄钾铁矾分布范围相对褐铁矿化蚀变小，集中分布在阿尔金NEE向断裂东段北侧，红柳沟、喀腊达坂—阿克达坂断裂及恰克马克塔什达坂地区。

（4）根据含铁离子、羟基、碳酸根离子的矿物特定光谱反射特征，利用“掩膜＋主成分分析法（或比值法）＋密度分割”的方法提取了研究区铁染和羟基蚀变信息。铁染蚀变也呈带状分布，与褐铁矿化范围基本一致，但面积较小，在阿尔金北缘断裂没有明显分布。羟基蚀变主要分布在阿尔金北缘的红柳沟、恰什坎萨依、大平沟、白尖山一带，以及NEE向断裂东段北侧和喀腊达坂—阿克达坂断裂一带。

6 多元信息找矿预测

矿床的形成是一个复杂的地质过程，涉及多方面的地学特征、知识及理论，随着地表易勘查识别的矿产逐渐减少，找矿难度的日益加大，单纯地利用某一学科的知识难以精准地寻找和预测矿床所在的位置。运用多元地学信息和 GIS 强大的信息管理功能，将复杂的矿床转化为易于处理的数字模型，能够轻易地对成矿有利信息进行定量提取，并建立相对合理的找矿预测模型。多元信息找矿预测是基于成矿理论和地质异常理论，充分收集与成矿相关的地学信息及信息组合，建立找矿模型并圈出最有可能的矿床产出位置。GIS 作为强大的数据处理和分析平台，在多元信息找矿中起着越来越重要的作用，同样在找矿预测方面取得了很多重要成果。

阿尔金北缘被认为是北祁连山西段成矿带的西延部分，该区的成矿作用条件与北祁连山西段特别相似（许志琴等，1999；陈柏林等，2008，2010；孟繁聪等，2010），有着非常好的成矿地质条件和找矿远景，但自然条件相对恶劣，交通不便，不利于传统地质工作的开展。因此，有必要对研究区的找矿工作进行多种资料的结合研究，或利用新的理论、新的方法来实现找矿的突破。本书正是将研究区的地质、地球化学和遥感数据结合起来，运用证据权重法在 GIS 技术平台上完成了阿尔金北缘的找矿预测远景区评价的研究。

本次研究基于 GIS 进行多元信息找矿预测的基本流程大致可分为以下几步。

（1）收集阿尔金北缘地区地物化遥多元信息（收集的重磁等地球物理数据比例尺过小，不宜采用）和已知矿点数据进行校正和数据化处理，统一不同数据的比例尺、投影参数等；

（2）建立多元信息空间数据库和属性数据库，对多元信息进行分析和挖掘，确定和提取对找矿有利的信息作为预测的信息基础；

（3）在 MRAS 软件平台中将研究区分为若干大小相等的单元格，运用证据权重法分析和确定每个找矿有利信息的证据权重 W^{+}和 W^{-}，并进行独立性检验；

（4）计算研究区内各个预测单元格的后验概率，生成找矿预测图；

（5）预测结果分析评价和野外工作验证。

具体内容详见第 1 章 GIS 多元信息找矿评述。

6.1　基于 GIS 多元信息找矿

6.1.1　多元数据库建立

阿尔金北缘多元信息数据库的建立是在 ArcGIS 软件上完成的，包括空间数据库和属性数据库。建立空间数据库首先需要设置某一投影参数（投影坐标系：西安 80 投影坐标系），将研究区的地质矿产图和地球化学异常图进行校正和矢量化，使其数字化并具有正确的空间地理位置，再将研究区遥感影像及提取的矿化蚀变信息导入空间数据库。属性数据库包含不同地质体的描述或特征等，如岩体的属性有岩性、时代、含矿性等，不同矿床或矿点的规模、种类等。其属性可以利用 Excel 进行录入，再利用关键字将属性与地质体关联并一一对应起来，至此可根据属性提取与成矿有关地质体进行分析。

地质数据主要是 1∶25 万地质矿产图（包括油墩子幅、巴什库尔干幅、茫崖幅、石棉矿幅和苏吾什杰幅）。地球化学数据主要是研究区的 Au、Cu、Pb、Zn 等元素异常分布和三条矿床原生晕剖面。遥感数据是根据 ETM + 影像提取的褐铁矿化、黄钾铁矾、铁染和羟基蚀变信息及线性构造信息。具体内容见表 6-1。

表 6-1　阿尔金北缘多元信息数据库

数据类型	内容
地质数据	1∶25 万地质矿产图 5 幅，包含地层、构造、岩体、岩性、各种建造、时代等
化探异常	1∶50 万化探异常、1∶10 万化探异常、Au、Cu、Pb、Zn 等元素异常 矿床原生晕剖面信息
遥感数据	褐铁矿化、黄钾铁矾、铁染蚀变、羟基蚀变信息 线性构造解译
矿产信息	已知矿点种类、坐标位置等

6.1.2　多元信息提取

1）地质信息提取

根据阿尔金北缘区域地质背景和成矿规律，研究区金属矿产与火山岩及侵入岩关系密切。与海相火山沉积作用有关的矿床赋存在元古宙中酸性火山岩-火山碎屑岩系，矿体与火山沉积地层整合接触，总体产状为近 EW 走向，NNE 倾向；早古生代奥陶纪浅变质、强变形岩系 Au 元素背景值高，是与大规模韧性-韧脆性变形作用相关的金矿体的直接赋矿围岩；而与岩浆热液活动有关的矿床主要赋存于奥陶纪二长花岗岩的构造破碎带中。根据已知矿点的分布，依据属性从数据库中提取长城系红柳泉组、贝克滩组、扎斯勘赛组，蓟县系木孜萨依组、金雁山组和寒武-奥陶系喀腊大湾组、塔什布拉克组、卓阿布拉克组和奥陶纪中酸性侵入岩作为找矿的有利专题图层，并与已知矿点进行叠加分析（图 6-1）。

分析结果显示，34 个金属矿点落在这些地层中，占矿点总数的 87.2%，其中长城系红柳泉组、贝克滩组和扎斯勘赛组中的矿点有 9 个，矿床种类以金矿为主；蓟县系木孜萨依组和金雁山组内矿点有 8 个，主要产出铅锌铜多金属矿；寒武-奥陶系喀腊大湾组、塔什布拉克组、卓阿布拉克组含矿点 15 个，矿床种类以铁矿为主；奥陶纪二长花岗岩中矿点有 2 个，一个为阿北银铅矿，另一个为齐勒萨依东铁矿点。统计结果也表明了这些地层和侵入岩与矿点有密切的关系。

构造毋庸置疑对矿床的形成和保存有着非常重要的作用，在研究区北缘发育有与大规模韧性-韧脆性变形有关的韧性剪切带型金矿和构造蚀变岩型金矿，如大平沟金矿、贝克滩金矿、盘龙沟金矿、祥云金矿等。通过第 5 章对构造的缓冲区分析可知，金矿和铁矿找矿预测的有利线性构造缓冲区范围为 500m，铅锌铜多金属矿有利缓冲区为 1.5km。对线性构造进行 1.5km 缓冲，并叠加矿点可以发现有 38 个矿点均在缓冲区内，占矿点总数的 97.4%（图 6-2）。

2）地球化学信息提取

地球化学异常是最直接的找矿信息，反映了地壳中成矿元素及伴生元素的分布规律，由于不同元素迁移规律不同，通过不同元素的分布规律可以推测隐伏矿体，地球化学信息在以往的找矿勘查工作中发挥着重要的作用。本次结合实际资料提取研究区四种主要的成矿元素 Au、Cu、Pb、Zn 的异常信息，Cu、Pb、Zn 元素异常下限分别为 30、20 和 80，单位为 10^{-6}，Au 的异常下限为 1.1×10^{-9}。具体的元素异常分布如图 6-3 所示，从这些元素的异常分布可以看出矿点与研究区北缘异常套合较好，在 NEE 向断裂北侧也有元素异常分布，说明该区有较好的成矿潜力，但目前尚未发现较大规模矿床，有待进一步工作。此外，采集了贝克滩南金矿、喀腊大湾 7918 铁矿和喀腊达坂铅锌矿矿床的原生晕剖面样品，对不同矿床的成矿元素进行了因子分析、相关分析和聚类分析。表明贝克滩南金矿中 As-Sb、Bi-Pb-Sn、Cu-Zn 元素相关性高；喀腊大湾 7918 铁矿中 Co-Ni-V-Zn-Fe、Mn-Sn、Cu-Ni-V 元素相关性高，且矿床原生晕剖面测试中 Zn、V 含量较高，具有较好的找矿潜力。喀腊达坂铅锌矿中 Sb-Pb-Ag-Hg、Cd-Zn、W-Mo-Bi 元素相关性好，矿床外围和深部具有其他金属矿产的找矿可能性。

图 6-1 已知矿点与地层叠加分析

1. 金矿；2. 铁矿；3. 铅锌铜多金属矿；4. 寒武-奥陶系；5. 蓟县系；6. 长城系；7. 奥陶纪二长花岗岩

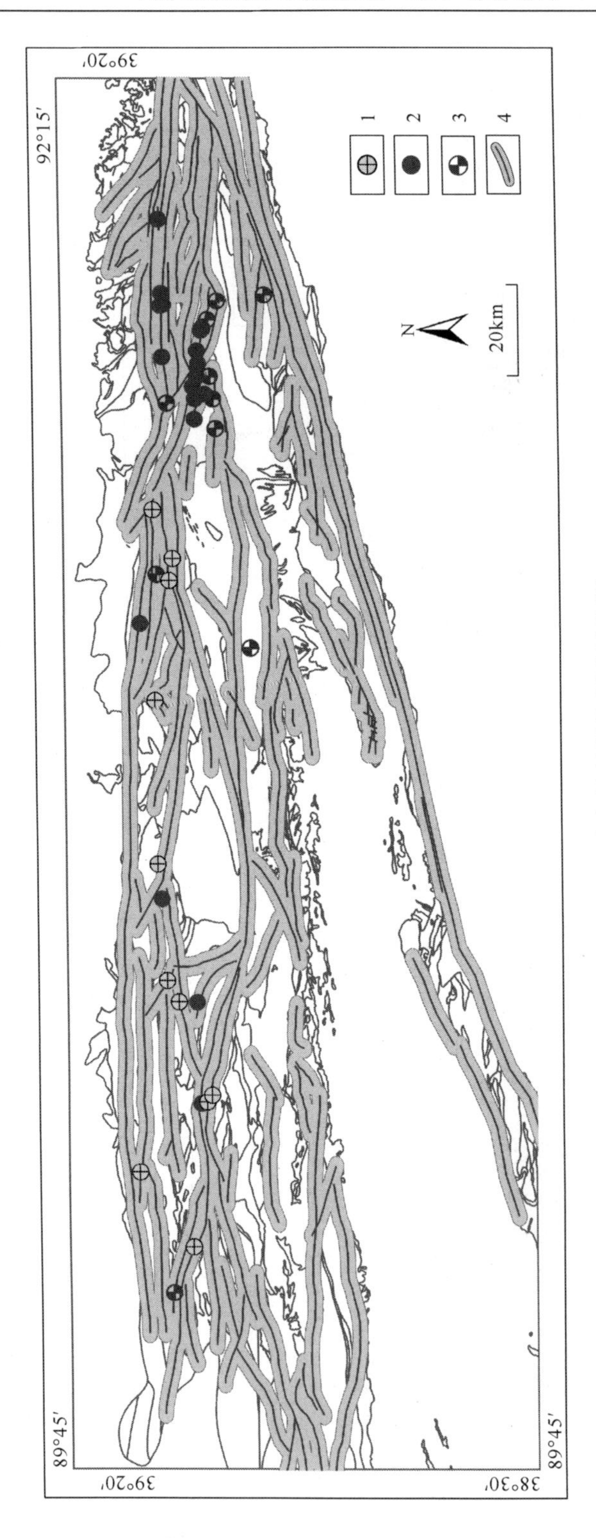

图 6-2　已知矿点与线性构造缓冲区分析

1. 金矿；2. 铁矿；3. 铅锌铜多金属矿；4. 断裂及缓冲区

图 6-3 阿尔金北缘 Au、Cu、Pb、Zn 元素异常与矿点分布图

1. 金矿；2. 铁矿；3. 铅锌铜多金属矿；4. Au 异常；5. Cu 异常；6. Pb 异常；7. Zn 异常

3）遥感信息提取

遥感的时效性强、同步观测面积大及获取信息限制少等优点使其在矿产勘查领域发挥越来越大的作用，利用多光谱或高光谱数据提取铁染和羟基蚀变信息对确定找矿远景区位置具有重要意义（陈建平等，2008a）。本次研究利用 Landsat 7 ETM + 影像提取阿尔金北缘地表蚀变信息，首先运用光谱角制图法和实测样品光谱特征提取了研究区地表褐铁矿化和黄钾铁矾信息，再运用主成分分析法和比值法提取了铁染和羟基蚀变信息。图 6-4 是阿尔金北缘地区上述四种蚀变信息与已知矿点分布图。

由图 6-4 可知，已知矿点基本落在矿化蚀变内部或周边附近，几乎所有矿点与羟基蚀变和褐铁矿化均有空间相关性。喀腊大湾铁矿带和南侧的铜、铅锌矿与铁染蚀变空间相关性明显，红柳沟金矿、铜矿点、巴北金矿、翠岭铅锌矿、喀腊达坂（东）铅锌矿、泉东铅锌矿、索尔库里北铜银矿主要发育在黄钾铁矾蚀变范围内。

通过对研究区地质、地球化学、遥感数据的分析，本次找矿预测优选变量如表 6-2 所示，具体找矿远景区预测过程中，针对不同矿种选择不同变量即可。

表 6-2 阿尔金北缘多元信息找矿预测优选变量

变量类型	优选变量	变量特征描述
地质信息	地层	区内含矿地层主要为长城系红柳泉组、贝克滩组、扎斯勘赛组；蓟县系木孜萨依组、金雁山组；寒武-奥陶系喀腊大湾组、塔什布拉克组、卓阿布拉克组
	构造	区内发育的 EW 向、NEE 向构造及次级构造，与已知矿点空间分析作缓冲区分析
	岩体	奥陶纪二长花岗岩
地球化学信息	元素异常	研究区 Au、Cu、Pb、Zn 成矿元素的异常分布
遥感信息	褐铁矿化 黄钾铁矾	野外实测褐铁矿和黄钾铁矾矿化蚀变样品光谱特征，经光谱角法从 ETM + 影像上提取相应蚀变
	铁染蚀变	以主成分分析法在 ETM + 影像上提取与铁离子相关蚀变矿物（岩石）
	羟基蚀变	以比值法在 ETM + 影像上提取羟基、碳酸根离子和水相关蚀变矿物（岩石）

6.1.3 多元信息找矿模型

1）单元格划分

找矿预测之前需要将研究区进行单元格的划分，而单元格的划分是否合理直

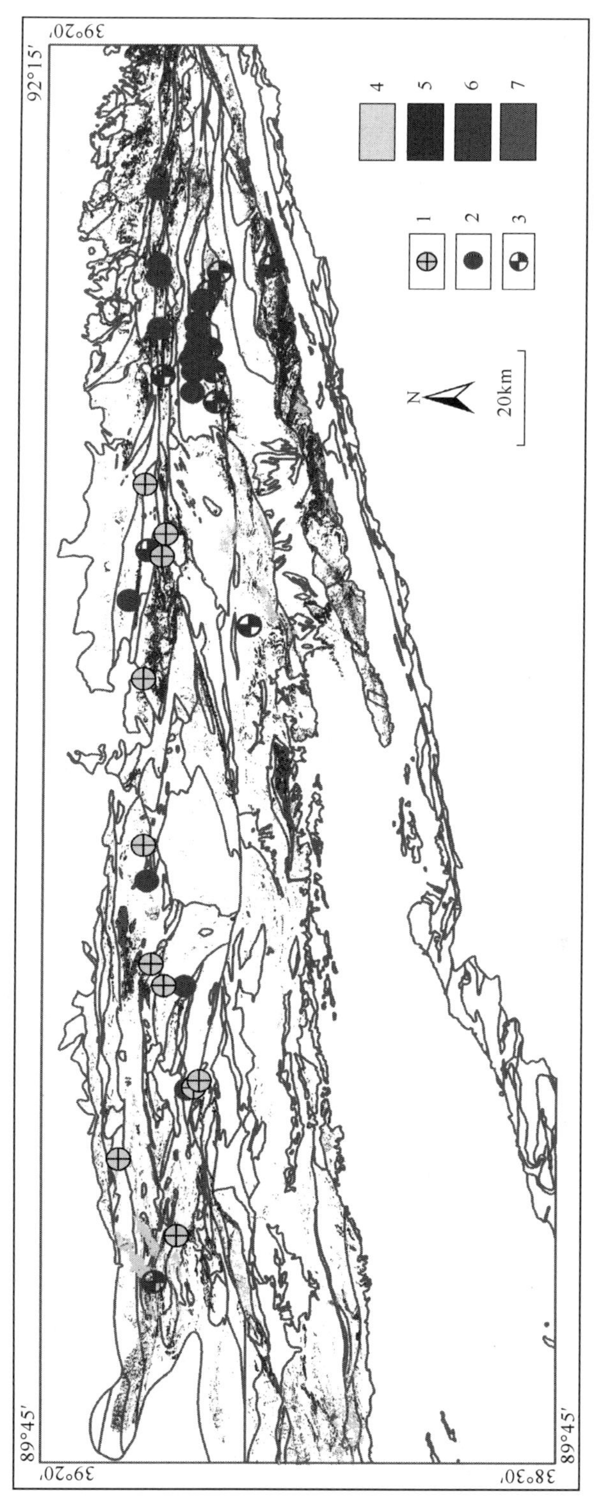

图 6-4 阿尔金北缘地区矿化蚀变与已知矿点分布图

1. 金矿；2. 铁矿；3. 铅锌铜多金属矿；4. 黄钾铁矾异常；5. 褐铁矿化异常；6. 铁染异常；7. 羟基异常

接影响预测结果的精确性。目前，规则网格单元法和地质体单元法是矿产预测较为常用的方法（陈建平等，2013；张峰，2014）。规则网格单元法是将研究区按一定的规则网格划分成若干单元，单元格形状相同，面积相等，其优点是将地质问题与空间坐标位置建立起对应关系，空间性强，计算简单快速，易于实现，但地质意义相对缺乏。地质体单元法是由王世称等（2000）提出的一种单元划分方法，是按地质研究和统计目的的要求，将相应地质体进行单元格的划分方法，单元格具有一定的空间形态和地质意义，单元格与地质体之间的对应性较强，但地质体确定具有主观性，单元划分难以自动化实现。

规则网格的划分具有一定的原则，若单元格划分过小，在预测方面，人为将地质体分割到许多单元中，显著增加无矿单元及同一控矿单元的数目，不利于找矿预测；在计算方面，增加了工作量，降低了工作效率。若单元格划分过大，则增加了有矿单元数目，致使找矿预测的面积扩大，对圈定的远景区意义不大，不利于实际找矿工作。规则网格单元大小的确定常用以下几种方法。

（1）依据研究区范围或比例尺大小。一般 1∶5 万预测图对应网格单元大小为 0.25～1km^2；1∶20 万预测图对应网格单元人小为 4～16km^2；1∶50 万预测图对应网格单元大小为 25～100km^2（李新中等，1998）。

（2）概率统计法。赵鹏大等（1994）提出以落入单元格内的期望矿点数小于或等于实际落入矿点数标准差的三倍为准则。

（3）根据研究区内已知矿点数目及预测区的大小，经验性地确定最优的单元面积（王世称等，2000），即

$$S=\text{研究区总面积}/\text{已知矿点数}\times L$$

式中，S 为单元格大小；L 为期望矿点平均数，一般取包括 3 以内的整数。

本次找矿预测考虑到地质体（地层、构造、岩体）在找矿中的重要性，对研究区成矿地质条件进行了分析，提取了与成矿相关的地层和岩体，在此基础上进行规则单元划分。一是避免与成矿相关性小的地质体参与运算，二是结合了 2 种方法的优势。本次考虑研究区范围和比例尺确定单元格大小为 2km×2km，共约 5280 个单元格。

2）权值计算

根据研究区成矿规律，对 6.1.2 节所述的长城系、蓟县系、寒武-奥陶系、奥陶纪二长花岗岩、区内发育的 EW 向和 NEE 向构造及次级构造缓冲区、Au、Cu、

Pb、Zn 成矿元素的异常分布区、光谱角制图法从 ETM + 影像上提取的褐铁矿化和黄钾铁矾蚀变、主成分分析法在 ETM + 影像上提取的铁染蚀变、比值法提取的羟基蚀变等 13 个优选证据图层在 MRAS 评价系统中进行权重计算，在此基础上对研究区内各单元进行找矿有利区的划分。权值计算原理详见 1.3.2 节预测方法。

6.1.4 远景区圈定

1）金矿远景区

根据研究区金矿成矿条件，选择长城系、蓟县系、寒武-奥陶系、500m 构造缓冲区、Au 元素异常、褐铁矿化、黄钾铁矾蚀变、铁染蚀变和羟基蚀变作为证据图层，计算的权重如表 6-3 所示。表中 W^+表示正权值，W^-表示负权值，C 表示二者绝对值之和。

表 6-3 研究区金矿床找矿预测权重值

证据图层	W^+	W^-	C
长城系	1.881	−0.910	2.791
蓟县系	0.790	−0.375	1.165
寒武-奥陶系	0.481	−0.037	0.518
500m 构造缓冲区	0.675	−0.620	1.295
Au 元素异常	1.343	−0.245	1.588
黄钾铁矾蚀变	0.364	−0.066	0.430
铁染蚀变	−0.428	0.055	0.483
羟基蚀变	0.968	−0.375	1.343
褐铁矿化	0.839	−0.922	1.761

由表 6-3 可以看出，长城系、蓟县系、500m 构造缓冲区、Au 元素异常、羟基蚀变和褐铁矿化的证据因子 C 值均超过 1，与金矿关系密切，其中长城系地层 C 值最高，是金矿成矿物质的主要来源。检验上述 9 个证据层条件独立性可知，当显著性水平为 0.05 时，所有证据因子条件独立。研究区金矿找矿后验概率（找矿预测图）如图 6-5 所示，其中后验概率大小对应找矿概率大小。从图中可以看出，阿尔金北缘存在 4 个金矿找矿远景区域，分别为苏勒克萨依—巴什考供盆地以北一带、红柳沟—贝克滩西一带、贝克滩东—恰什坎萨依中段一带和塔什布拉克—大平沟一带。

图 6-5　阿尔金北缘地区金矿找矿远景区

1. 金矿；2. 金矿远景区及编号

2）铁矿远景区

根据研究区铁矿成矿条件，选择长城系、蓟县系、寒武-奥陶系、奥陶纪二长花岗岩、500m 构造缓冲区、褐铁矿化、黄钾铁矾蚀变、铁染蚀变和羟基蚀变作为证据图层，计算的权重如表 6-4 所示。由表 6-4 可知，寒武-奥陶系、奥陶纪二长花岗岩、褐铁矿化和羟基蚀变信息与铁矿关系相对密切。检验上述 9 个证据层条件独立性可知，当显著性水平为 0.05 时，所有证据因子基本条件独立。研究区铁矿找矿后验概率（找矿预测图）如图 6-6 所示。

从图 6-6 可以看出铁矿远景区有 2 个，均位于研究区中部至东部，其中一个呈 EW 向，带状，连续性好，范围从大平沟至喀腊大湾、白尖山一直到研究区的东侧。另一个位于卓阿布拉克断裂带周边，呈 NEE 向展布。

表 6-4　研究区铁矿床找矿预测权重值

证据图层	W^+	W^-	C
长城系	0.590	–0.091	0.681
蓟县系	–0.566	0.107	0.673
寒武-奥陶系	2.651	–1.391	4.042
奥陶纪二长花岗岩	2.130	–0.313	2.443
500m 构造缓冲区	0.372	–0.244	0.616
褐铁矿化	0.966	–1.358	2.324
黄钾铁矾蚀变	0	0.136	0.136
铁染蚀变	–0.170	0.025	0.195
羟基蚀变	1.046	–0.656	1.702

3）铅锌铜多金属矿远景区

根据研究区铅锌铜多金属矿成矿条件，选择蓟县系、寒武-奥陶系奥陶纪二长花岗岩、1.5km 构造缓冲区、Cu 元素异常、Pb 元素异常、Zn 元素异常、褐铁矿化、铁染蚀变和羟基蚀变作为证据图层，计算的权重如表 6-5 所示。由表 6-5 可以看出，所有证据因子的 C 值均超过 1，其中寒武-奥陶系、奥陶纪二长花岗岩、Pb 元素异常、Zn 元素异常、铁染蚀变和羟基蚀变的证据因子 C 值超过 2，与 Cu 多金属矿关系密切，是主要的成矿物质来源和找矿标志。检验上述 10 个证据层条件独立性可知，当显著性水平为 0.05 时，所有证据因子条件独立。研究区铅锌铜多金属矿找矿后验概率（找矿预测图）如图 6-7 所示。

图 6-6　阿尔金北缘地区铁矿找矿远景区

1. 铁矿；2. 铁矿远景区及编号

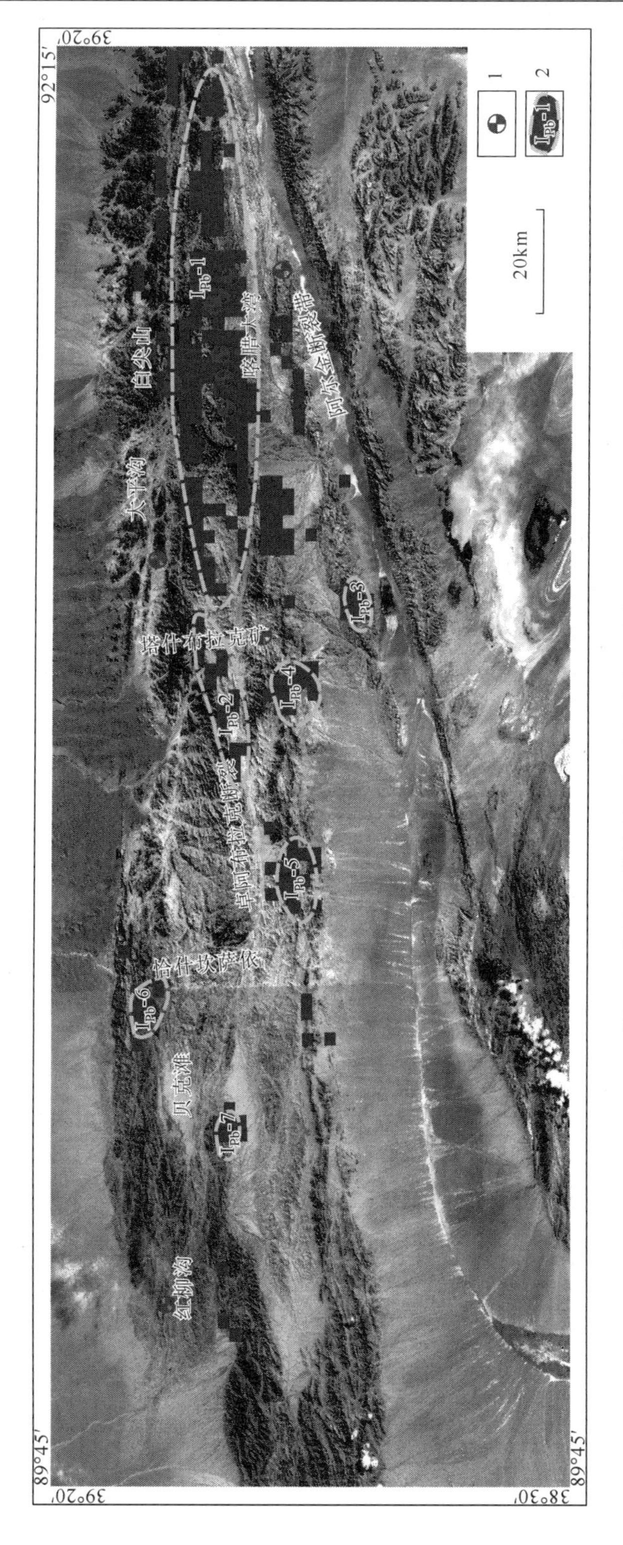

图 6-7 阿尔金北缘地区铅锌铜多金属矿找矿远景区

1. 铅锌铜多金属矿；2. 铅锌铜多金属矿远景区及编号

表 6-5　研究区铅锌铜多金属矿床找矿预测权重值

证据图层	W^+	W^-	C
蓟县系	1.128	–0.781	1.909
寒武-奥陶系	2.448	–0.955	3.403
奥陶纪二长花岗岩	2.045	–0.283	2.328
1.5km 构造缓冲区	0.809	–0.908	1.717
Cu 元素异常	0.964	–0.416	1.370
Pb 元素异常	2.223	–0.940	3.163
Zn 元素异常	2.508	–0.743	3.252
褐铁矿化	1.159	0	1.159
铁染蚀变	1.526	–0.863	2.389
羟基蚀变	1.257	–1.068	2.325

从图 6-7 可以看出铅锌铜多金属矿找矿远景区主要集中在研究区东部，西部只存在 2 个远景区，分别位于贝克滩南端和东北角。此外，铅锌铜远景区基本沿断裂带或在断裂交汇处分布。

6.2　远景区评价及验证

6.2.1　远景区评价

1）金矿远景区

本次研究共圈定出 4 个金矿找矿远景区（图 6-5），区内均为元古宙变质岩系。I_{Au}-1 为苏勒克萨依—巴什考供盆地以北一带，呈 NE 向带状分布，目前该带虽未发现金矿，但该带地层主要为赋矿的蓟县系木孜萨依组，具有黄钾铁矾、铁染和羟基蚀变，具有一定的找矿潜力。I_{Au}-2 为红柳沟—贝克滩西一带，已发现的金矿有巴北金矿、贝克滩南金矿、贝克滩金矿，该区处在 Au 元素异常中，黄钾铁矾蚀变明显，构造发育且有韧性剪切带穿过，亦发育褐铁矿化和羟基蚀变。I_{Au}-3 为贝克滩以东，恰什坎萨依中段一带，已发现金矿有祥云金矿、盘龙沟金矿，该区正好处在 Au 元素异常和 Au 元素含量较高的长城系中，地表褐铁矿化和羟基蚀变明显。I_{Au}-4 为塔什布拉克—大平沟一带，该区正好处于阿尔金北缘韧性-韧脆性变形带中，已发现有克斯布拉克金矿、大平沟金矿（大型）、大平沟西金矿（小型）、大平沟西铜金矿，该带位于老变质岩地层南侧，为Au元素富集提供了物质来源。这4个金矿远景区均具有良好的找矿前景，有必要进行下一步工作。

2）铁矿远景区

本次研究根据多元信息圈定出2个铁矿找矿远景区（图6-6），均呈带状分布。I_{Fe}-1远景区从大平沟至喀腊大湾、白尖山一直到研究区的东侧，呈EW向，区内主要发育寒武-奥陶纪火山岩。研究区发现的喀腊大湾铁矿带和白尖山铁矿带均位于该远景区内，根据铁矿产出层位及地表强烈的褐铁矿化和羟基蚀变，沿EW方向在该区产出铁矿的可能性极大。I_{Fe}-2位于卓阿布拉克断裂带周边，呈NEE向展布，目前虽然在该区没有发现铁矿，但该区位于奥陶纪中酸性侵入岩和寒武-奥陶纪碳酸盐岩的接触部位，地表发育有褐铁矿化和羟基蚀变，因此有发育铁矿的可能性。

3）铅锌铜多金属矿远景区

本次研究共圈定出7个铅锌铜多金属矿找矿远景区（图6-7），主要沿断裂带或在断裂交汇处分布。I_{Pb}-1为喀腊大湾、喀腊达坂一带，并向东西两边均有延伸，区内主要出露寒武-奥陶纪中基性和中酸性火山岩，发育有奥陶纪中酸性侵入岩。已发现的喀腊大湾铜锌矿、翠岭铅锌矿、阿北银铅矿、喀腊达坂铅锌矿、泉东铅锌矿等均位于该区内，该区Cu、Pb、Zn元素异常明显，发育有羟基蚀变、黄钾铁矾蚀变。I_{Pb}-2远景区与I_{Fe}-2远景区位置相似，也处在卓阿布拉克断裂带附近，其余5个远景区，面积相对小，虽然目前没有发现铅锌铜多金属矿点，但这些远景区空间上均处于Cu、Pb、Zn元素异常套合很好的位置，地表亦有褐铁矿化和羟基矿化蚀变，具有很好的铅锌铜多金属矿找矿潜力。

6.2.2 野外调查验证

针对多元信息预测的找矿远景区，在阿尔金北缘进行了部分异常远景区的野外调查及围岩和矿石的采样工作，野外验证的远景区主要包括贝克滩、恰什坎萨依、大平沟、喀腊达坂、喀腊大湾、白尖山等地区。下面简述部分野外调查的验证结果。

1）贝克滩地区

该区处在 I_{Au}-1 和 I_{Cu}-7 远景区内，发育中元古代或早古生代火山沉积岩系，以玄武岩、英安岩和流纹岩及砂岩、粉砂岩、泥岩等为主，已发现有贝克滩南小型金矿床、红柳沟金矿点，化探扫面资料表明该区具有 Au、Cu 元素异常现象。野外地表发育强烈韧脆性变形以及褐铁矿化、孔雀石化、硅化、绢云母化、绿泥石化等围岩蚀变（图 6-8），同时发育有中小规模的中酸性早古生代侵入岩，为成矿提供了能量和物质。

(a) (b)

图 6-8 贝克滩地区地表构造变形（a）及矿化蚀变（b）（拍摄者：孙岳）

2）恰什坎萨依地区

恰什坎萨依中段处于 I_{Au}-2 和 I_{Pb}-6 远景区内，已发现有祥云金矿和盘龙沟金矿。该区出露元古宙浅变质火山岩，侵入岩较为发育，主要为中酸性，此外还发现有枕状玄武岩和硅质岩等蛇绿岩套的成分。受区域应力作用，该区褶皱、断裂构造发育，沿断裂带发育褐铁矿化、绢云母化、硅化、绿泥石化等蚀变。化探资料也表明该区有很好的 Au、Cu、Pb 元素异常，有发现新矿床的潜力。

3）喀腊大湾地区

处于 I_{Fe}-1 和 I_{Pb}-1 远景区内，在该区内发现有一系列呈带状分布的铁矿和铅锌铜多金属矿，出露地层为一套早古生代火山-沉积建造，岩性为基性火山岩、中酸性火山岩、凝灰岩、碳酸盐岩及泥质岩，此外还发育有中酸性侵入岩和基性超基性岩脉，构造形式复杂多样，以褶皱为主。地表普遍发育褐铁矿化、黄钾铁矾、高岭土化、绢云母化等蚀变。根据已有矿床空间分布特征，在喀腊大湾向东和向西延伸方向均有矿床产出可能性。

4）芦草沟地区

处于 I_{Pb}-4 远景区内，该区出露地层主要为蓟县纪金雁山组时期和木孜萨依组时期火山碎屑岩，已发现的矿化蚀变带位于木孜萨依组一套碎屑岩内，严格受碎屑岩内分布的火山岩夹层控制。区内发育有石英脉和重晶石脉，宽几厘米至几十厘米，长几米至几十米不等，沿火山岩片理产出，产状近 EW 向，倾向向北，倾角 45°～85°。地表黄钾铁矾蚀变明显，沿脉有方铅矿化、闪锌矿化、孔雀石化、黄铁矿化、褐铁矿化等（图 6-9）。

图 6-9 芦草沟地区矿化重晶石脉及地表矿化蚀变（拍摄者：孙岳）

6.3 本 章 小 结

阿尔金北缘地质背景、区域矿产、地球化学异常、遥感线性构造、蚀变信息是找矿预测的基础和前提，而本章内容是多元信息找矿预测的核心和目的，主要内容包括以下几个方面。

（1）建立了阿尔金北缘地区地质要素、地球化学异常、遥感解译信息和已知矿点的空间数据库和属性数据库，实现了研究区从多元信息数据库的建立到信息的提取分析，运用证据权重法对本区进行了多元信息找矿预测，共圈定了 13 个预测远景区，其中金矿远景区 4 个，铁矿远景区 2 个，铅锌铜多金属矿远景区 7 个。

（2）针对不同类型的矿种远景区分别进行了分析评价，野外对贝克滩、恰什坎萨依、喀腊大湾、芦草沟等地区进行了验证，验证结果表明预测的远景区具有较好的找矿前景。

7 山体剥露与矿产保存

矿床是在特定的地质作用下，经历多期的改造叠加之后，在一定的深度范围内形成的，后期由于地质环境的改变，先成矿体可能会被揭露或破坏，在诸多因素中，区域隆升剥露起关键作用（翟裕生等，2000；王建平等，2008；袁万明，2016）。因此，对山体隆升剥露的研究对于估算矿区剥蚀深度尤为重要。

近年来，随着低温热年代学发展，中-新生代以来的构造运动对矿产保存和人类活动具有重要影响，在关注阿尔金断裂的走滑过程与青藏高原新生代变形之间关系的同时，部分学者已经开始研究阿尔金山脉新生代的隆升剥露过程及其与阿尔金断裂走滑作用之间的关系，认为阿尔金山脉存在多期次的隆升和剥露作用，而且山脉的隆升与青藏高原的隆升与阿尔金断裂带的走滑作用关系密切（Wang，1997；Yue et al.，2004；陈正乐等，2005；Sun et al.，2005；刘永江等，2007；Wu et al.，2012b；徐芹芹等，2015；潘家伟等，2015；王亚东等，2015；Lin et al.，2015；Wang et al.，2015；Cheng et al.，2016；Zhang et al.，2017b；宋星童，2017；Dai et al.，2017；Liu et al.，2017；Zhang et al.，2018；Shi et al.，2018）。阿尔金北缘作为北祁连山成矿带的西延部分，成矿潜力较好，但尚缺少区域隆升剥露及其对成矿后的影响等方面的研究。

为了方便研究和探讨，根据山体走向，可以将阿尔金山脉划分为：沿 NEE 走向的阿尔金断裂带两侧山体（图 7-1 中的Ⅰ部分）、NE 向山体（图 7-1 中的Ⅱ部分）和阿尔金北缘 EW 向的山体（图 7-1 中的Ⅲ部分），其中Ⅲ部分是本次研究和讨论山体隆升剥露的重点区域。前人对阿尔金山脉的隆升和剥露（裂变径迹法）研究主要集中在阿尔金断裂旁侧 NEE 走向的阿尔金山体和 NE 走向的阿尔金山体（图 7-1 中Ⅰ和Ⅱ部分）（Jolivet et al.，1999，2001；万景林等，2001；葛肖虹等，2002；陈正乐等，2001b，2002b，2006a；Yuan et al.，2006；Wang et al.，2006；Li et al.，2015），对阿尔金北缘 EW 向的红柳沟—拉配泉山体（图 7-1 中Ⅲ部分）隆升剥露的研究则较少（陈正乐等，2006a），因而缺乏对阿尔金山脉隆升和剥露的整体性和差异性的认知，制约了对阿尔金断裂带走滑过程的复原分析。此外，作为金、铁、铅锌等内生金属矿产的重要产地，阿尔金北缘山体的隆升剥露研究，将为矿产的保存和揭顶提供科学依据。

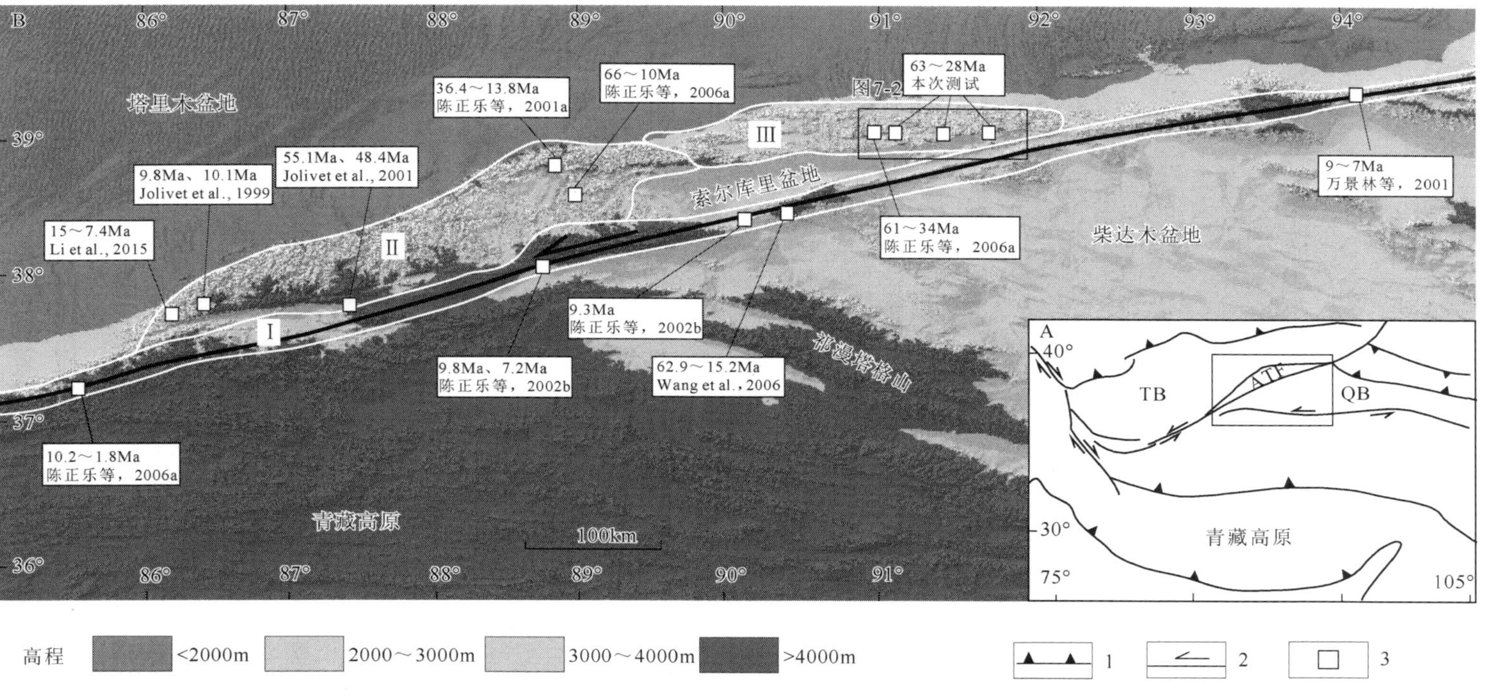

图 7-1 阿尔金大地构造位置及山脉分区图

1. 逆冲断层；2. 走滑断层；3. 采样位置；TB. 塔里木盆地；QB. 柴达木盆地；ATF. 阿尔金断裂
A. 研究区大地构造位置图；B. 阿尔金及周边地区 DEM 图；Ⅰ. 阿尔金断裂旁侧山体；Ⅱ. NE 向山体；Ⅲ. 阿尔金北缘 EW 向山体

本次研究主要利用低温热年代学中磷灰石裂变径迹定年技术，对阿尔金北缘三个剖面中酸性岩体进行测试分析，结合研究区地质资料分析，目的是探讨阿尔金北缘EW向山脉新生代隆升剥露过程和热演化历史，对比北缘山体隆升剥露差异及其时空特征；弥补和完善阿尔金地区的构造热年代学研究；系统对比已发表的年代数据，探讨阿尔金山脉新生代的整体隆升剥露特征，以期为阿尔金北缘地区矿产保存状况提供低温热年代学数据。

7.1 裂变径迹定年原理

作为低温热年代学方法的一种，裂变径迹（fission track，FT）定年技术是20世纪60年代兴起的一种同位素年代学方法（Price and Walker，1963；Fleischer et al.，1964；Jing et al.，1993；李小明，1999；Jonckheere et al.，2003；付明希，2003；Malusà and Firzgerald，2019），特别适用于缺乏有效沉积记录地区的低温构造演化分析（朱文斌等，2007）。裂变径迹是高能带电粒子穿过绝缘固体时留下的强烈辐射损伤的痕迹，即径迹，常用于裂变径迹测试的矿物有磷灰石、锆石、榍石、独居石，矿物中自发及诱发的径迹通过化学试剂蚀刻之后，利用高倍电子显微镜进行径迹密度和长度的统计，进而计算出矿物经历热史事件的年龄。这些径迹在一定温度以下能够被矿物保存并且具有随温度增加而径迹密度减小和径迹长度缩短的特性，当温度达到一定数值时，损伤愈合，径迹消失，即径迹退火特性（Malusà and Firzgerald，2019）。Green等（1985）对磷灰石裂变径迹退火过程的研究表明，每个径迹的最终长度是由其所经历的最高温度所决定的，在超过退火带温度（封闭温度）时，径迹不能留存；在退火带范围内，径迹保存长度随温度-时间变化会有不同程度缩减；当温度继续下降至退火带温度以下，新生径迹以原始长度保存，所以径迹长度能够反映温度-时间信息。根据不同矿物封闭温度的差异，裂变径迹技术能够反映地表至地下约7km深度的地质热事件。在修正矿物化学成分、晶体特性、Dpar等参数对裂变径迹影响的基础上，根据样品裂变径迹的年龄和长度数据能够恢复该样品经历的温度历史，建立温度-时间函数关系，模拟出该地区的热演化历史。

目前，裂变径迹年代学作为温度敏感的定年技术已广泛应用于含油盆地的热史模拟（Tissot et al.，1987；赵孟为，1992；滕殿波等，1996）、造山带的隆升与剥露（陈正乐等，2001b，2006b，2008；Yuan et al.，2006；刘永江等，2007；刘超等，2007；Wu et al.，2012a；Wang et al.，2015）、盆山耦合关系（Gallagher，1995；张远泽等，2013）、沉积盆地分析（康铁笙等，1990；Yalcin et al.，1997；

周祖翼等，2001；Armstrong，2005）、成矿热液及断裂活动时限（Wagner and Reimer，1972；Wang et al.，2003；Tagami，2005；Lisker et al.，2009；柳振江等，2010）等方面的研究。

7.2 采样位置及实验方法

7.2.1 采样位置

阿尔金北缘地区位于阿尔金北缘的红柳沟—拉配泉段，塔里木地块结晶基底的南界，总体上呈近 EW 方向延伸（图 7-1 中的Ⅲ部分），是阿尔金 NEE 向构造带与北祁连构造带西段的交汇复合部位（陈柏林等，2012），海拔 2200～3600m。该区经历了造山运动和岩浆热事件，具有多期次阶段性抬升剥露、走滑和变形作用（崔军文等，1999；陈正乐等，2001b，2005，2006a；Wu et al.，2012b；Lin et al.，2015；Zhang et al.，2016；Liu et al.，2017）。研究区构造带可划分为沿索尔库里走廊延伸的阿尔金走滑断裂带(即通常的阿尔金断裂)、巴什考供—金雁山断裂带、阿尔金北缘断裂带及其相关的地块（陈柏林等，2008）。构造现象复杂多样，以褶皱、断裂和韧性剪切带为主要表现形式。该区岩浆活动比较强烈，类型多样，有元古宙、加里东期和海西期花岗岩和以加里东期为主的基性超基性岩体（陈正乐等，2006a），早古生代花岗闪长岩规模最大。

为了确定阿尔金北缘 EW 向山脉的隆升差异及其阶段性特征，野外对卓阿布拉克、大平沟和喀腊大湾进行了系统的采样，具体样品位置见图 7-2。

本次研究共采集 22 个样品，岩性以花岗闪长岩、闪长岩和花岗岩为主，均为加里东期侵入岩。单个样品重量大于 2kg，空间坐标位置由便携式 GPS 结合 1∶10 万地形图确定。

7.2.2 实验方法

将采集的样品进行破碎、重磁分选出磷灰石单矿物，每个样品矿物颗粒建议超过 1000 颗，然后进行制靶，抛光，使颗粒被抛蚀掉 1/3 左右（过度磨蚀会导致颗粒易受污染或丢失）。目前，裂变径迹实验中，测试矿物颗粒中铀含量一般有外探测器法（external detector method，EDM）（Gleadow and Duddy，1981；Gleadow

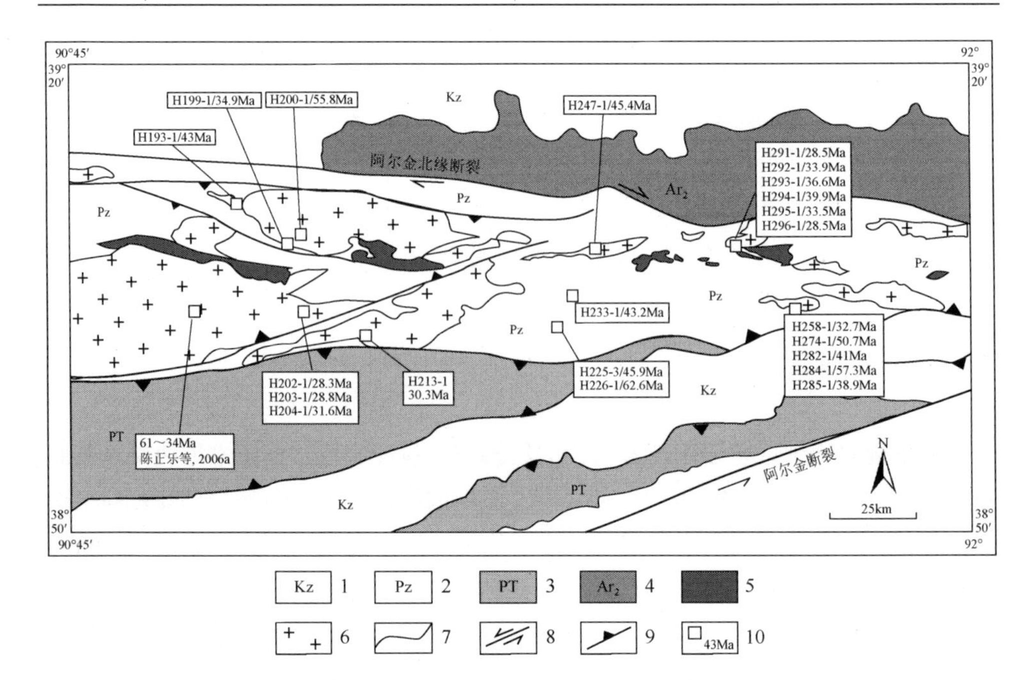

图 7-2　研究区地质简图及样品采集位置

1. 新生界；2. 古生界；3. 元古宇；4. 新太古界；5. （超）基性侵入岩；6. 中酸性侵入岩；
7. 地质界线；8. 走滑断层；9. 逆冲断层；10. 样品位置及年龄

et al.，2002；Tagami and O′Sullivan，2005）和激光烧蚀电感耦合等离子体质谱法（laser ablation-inductively coupled plasma-mass spectrometry，LA-ICP-MS）（Hasebe et al.，2004）。EDM 需将蚀刻颗粒放入核反应堆进行中子辐射，时间较长，LA-ICP-MS 无须中子辐射，且分析周期短，近几年在裂变径迹中应用较广（Donelick et al.，2005；Vermeesch，2017）。

本实验采用外探测器法对样品进行径迹分析，有关实验条件为：磷灰石蚀刻条件为 5.5% HNO_3，室温 20℃，时间 20s；外探测器采用低铀含量白云母，蚀刻条件为 40%HF，室温 20℃，时间 40min；Zeta 标定（Hurford and Green，1983）选用国际标准样，标准玻璃为美国国家标准局 CN-5 铀标准玻璃；样品送中国原子能科学研究院 492 反应堆进行辐照；径迹统计用 OLYMPUS 偏光显微镜，在放大 1000 倍浸油条件下完成。磷灰石裂变径迹的封闭温度采用 110±10℃，退火带温度为 60～120℃（Gleadow，1986；Gleadow et al.，2002；康铁笙和王世成，1991），年龄误差±1σ。

7.3　径迹数据处理

7.3.1　数据分析

研究区 22 个样品分别采自卓阿布拉克的北沟、西沟和南沟，大平沟北段和南段，喀腊大湾北段和中南段。年龄测试过程中，全部样品的磷灰石单颗粒测量数目均大于 20，径迹长度的测量数目均大于 50 条，部分超过 100 条，满足后面热史模拟的要求。所有测试样品 $P(x^2)>5\%$，即通过 x^2 检测，服从泊松分布（朱文斌等，2007；Malusà and Firzgerald，2019），并且年龄直方图呈单峰，单颗粒年龄不分散，说明各样品的单颗粒年龄属于同一年龄组分，因此本书所用的径迹年龄均为池年龄。测试分析结果见表 7-1。

阿尔金北缘样品径迹年龄为（62.6±3.5）～（28.3±1.7）Ma，远小于岩体形成年龄，说明所有样品均经历完全退火和部分退火，记录的是后期的构造隆升剥露时间。径迹长度为 13.25～14.29μm，标准差为 0.99～1.32μm，具有典型的无扰动基岩型特征（Gleadow，1986；康铁笙和王世成，1991），热冷却历史相对单调，即磷灰石径迹从不能保留的高温阶段相对缓慢地冷却到封闭温度至地表温度，这个过程中没有经历再次增温或其他热事件（陈文寄等，1999）。裂变径迹长度分布的标准差 S 和平均径迹长度的关系如图 7-3 所示。

卓阿布拉克位于阿尔金北缘山脉西侧，共采集的 7 个样品分别位于卓阿布拉克的北沟、西沟和南沟，岩性为斜长花岗岩、花岗闪长岩和花岗岩。样品 H202-1、H203-1 和 H204-1 为一组，采自卓阿布拉克西沟，岩性均为花岗闪长岩，测试年龄和径迹长度基本一致，分别为～29Ma 和～14.2μm。7 个样品的裂变径迹年龄位于 55.8～28.3Ma，径迹年龄在 30Ma 左右较集中，揭示了卓阿布拉克地区在古新世末—渐新世发生快速隆升剥露。

大平沟位于研究区中部，其中 3 个样品采自大平沟南段，岩性为闪长岩，径迹年龄为 62.6～43.2Ma；1 个样品（编号：H247-1）采自北段，岩性为花岗岩，径迹年龄为 45.4Ma。表明大平沟地区快速隆升剥露作用发生于古新世—始新世中期。

喀腊大湾位于研究区东部，共采集 11 个样品，岩性均为花岗岩。5 个样品采自喀腊大湾中南段，径迹年龄为 57.3～32.7Ma；6 个样品采自北段，径迹年龄为 39.9～28.5Ma。表明喀腊大湾地区快速隆升主要发生在始新世—渐新世。

表 7-1　阿尔金北缘地区磷灰石裂变径迹数据

样品编号（高程/m）	采样位置	岩性	N_c	$\rho_d(N_d)$ /($\times10^6$cm^{-2})	$\rho_s(N_s)$ /($\times10^5$cm^{-2})	$\rho_i(N_i)$ /($\times10^6$cm^{-2})	铀含量 /($\times10^{-6}$)	$P(x^2)$ /%	r	裂变径迹年龄 /(Ma±1σ)	平均径迹长度 /(μm±1σ)(N_j)	标准差 /μm
H193-1（2217）	N39°11′18.7″ E90°58′21.9″	片麻状花岗闪长岩	26	0.787（1967）	1.751（148）	0.569（481）	9.0	99.6	0.792	43.0±4.3	14.20±0.14（72）	1.21
H199-1（2458）	N39°07′36.8″ E91°03′06.2″	细粒斜长花岗岩	26	0.770（1944）	3.757（588）	1.487（2327）	23.9	8.1	0.815	34.9±2.0	13.73±0.11（103）	1.18
H200-1（2487）	N39°08′47.4″ E91°03′59.7″	片麻状花岗闪长岩	24	0.768（1920）	7.344（896）	1.794（2189）	29.2	55.2	0.721	55.8±3.0	13.70±0.10（102）	0.99
H202-1（3175）	N39°03′39.8″ E91°05′34.9″	蚀变花岗闪长岩	23	0.758（1896）	4.092（536）	1.947（2550）	32.1	54.4	0.828	28.3±1.7	14.12±0.11（95）	1.08
H203-1（3225）	N39°03′40.0″ E91°05′29.5″	花岗闪长岩	23	0.749（1872）	4.117（667）	1.902（3082）	31.8	34.7	0.679	28.8±1.6	14.20±0.13（101）	1.29
H204-1（3268）	N39°03′45.3″ E91°05′31.7″	花岗闪长岩	25	0.739（1848）	4.648（581）	1.930（2413）	32.7	64.6	0.801	31.6±1.9	14.29±0.10（102）	1.04
H213-1（3001）	N39°02′38.5″ E91°09′56.9″	片麻状花岗岩	25	0.730（1824）	4.333（637）	1.859（2733）	31.8	12.6	0.630	30.3±1.7	13.70±0.11（102）	1.13
H225-3（3415）	N39°03′04.4″ E91°25′56.8″	闪长岩	26	0.720（1801）	1.133（119）	0.316（332）	5.5	99.9	0.686	45.9±5.2	13.61±0.12（90）	1.16
H226-1（3467）	N39°03′09.6″ E91°25′51.8″	闪长岩	26	0.711（1777）	6.901（804）	1.391（1620）	24.4	58.5	0.711	62.6±3.5	14.01±0.10（103）	1.05
H233-1（3005）	N39°06′01.6″ E91°27′22.3″	闪长岩	26	0.701（1753）	1.408（145）	0.406（418）	7.2	99.4	0.793	43.2±4.5	13.45±0.14（65）	1.11
H247-1（2780）	N39°08′37.1″ E91°29′51.1″	花岗岩	26	1.330（3320）	1.578（239）	0.821（1243）	7.7	77.0	0.696	45.4±3.5	14.09±0.13（62）	1.10
H258-1（3273）	N39°05′07.5″ E91°44′40.0″	片麻状花岗岩	25	1.320（3298）	3.016（380）	2.163（2725）	20.5	22.7	0.705	32.7±2.1	13.81±0.13（103）	1.32

续表

样品编号（高程/m）	采样位置	岩性	N_c	$\rho_d(N_d)$ /($\times10^6$cm^{-2})	$\rho_s(N_s)$ /($\times10^5$cm^{-2})	$\rho_i(N_i)$ /($\times10^6$cm^{-2})	铀含量 /($\times10^{-6}$)	$P(x^2)$ /%	r	裂变径迹年龄 /(Ma±1σ)	平均径迹长度 /(μm±1σ)(N_j)	标准差 /μm
H274-1（3282）	N39°04′59.9″ E91°45′02.7″	含黄铁矿花岗岩	24	1.310（3277）	2.251（296）	1.033（1358）	9.9	97.5	0.972	50.7±3.7	13.37±0.16（60）	1.22
H282-1（3544）	N39°04′54.7″ E91°45′49.2″	含黄铁矿花岗岩	22	1.300（3255）	2.633（395）	1.483（2224）	14.3	61.0	0.846	41.0±2.6	14.05±0.11（86）	1.01
H284-1（3443）	N39°04′49.4″ E91°45′38.3″	含黄铁矿花岗岩	23	1.290（3233）	1.466（217）	0.586（867）	5.7	53.8	0.856	57.3±4.7	13.25±0.15（52）	1.02
H285-1（3352）	N39°05′01.3″ E91°45′18.2″	含黄铁矿花岗岩	24	1.280（3211）	1.970（331）	1.154（1938）	11.3	28.1	0.610	38.9±2.6	13.96±0.12（70）	1.05
H291-1（3141）	N39°09′50.4″ E91°42′26.9″	似斑状花岗岩	26	1.280（3189）	0.602（151）	0.481（1207）	4.7	95.2	0.621	28.5±2.6	13.63±0.15（72）	1.31
H292-1（3086）	N39°09′48.0″ E91°42′26.3″	似斑状花岗岩	26	1.270（3167）	1.195（307）	0.796（2046）	7.8	80.8	0.784	33.9±2.4	14.12±0.13（90）	1.11
H293-1（3048）	N39°09′48.1″ E91°42′20.4″	似斑状花岗岩	28	1.260（3146）	0.921（199）	0.564（1218）	5.6	39.6	0.396	36.6±3.1	13.72±0.13（70）	1.07
H294-1（2998）	N39°09′48.8″ E91°42′09.7″	似斑状花岗岩	24	1.250（3124）	1.215（220）	0.677（1225）	6.8	48.7	0.602	39.9±3.2	14.00±0.12（105）	1.19
H295-1（2964）	N39°09′48.8″ E91°42′01.3″	似斑状花岗岩	24	1.240（3102）	0.983（172）	0.647（1132）	6.5	96.2	0.700	33.5±3.5	13.90±0.13（70）	1.07
H296-1（2920）	N39°09′51.1″ E91°41′47.6″	似斑状花岗岩	27	1.230（3080）	0.967（174）	0.741（1334）	7.5	93.4	0.552	28.5±2.5	13.86±0.13（82）	1.18

注：N_c 为样品颗粒数；ρ_d 为铀标准玻璃对应外探测器的诱发径迹密度；N_d 为铀标准玻璃的诱发径迹数；ρ_s 为自发径迹密度；N_s 为自发径迹数；ρ_i 为诱发径迹密度；N_i 为诱发径迹数；$P(x^2)$为自由度为（N_c−1）时 x^2 概率；r 为单颗粒自发和诱发径迹之间的相关系数；N_j 为所测量的围限径迹长度数。

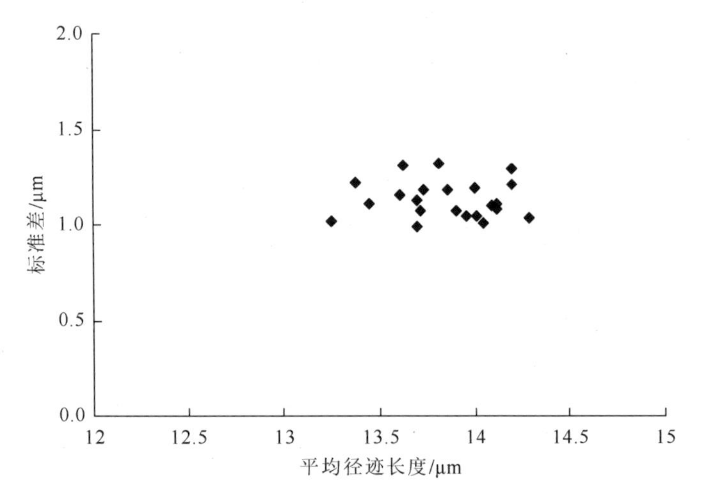

图 7-3　阿尔金北缘地区样品裂变径迹长度分布的标准差和平均径迹长度的关系

从采样位置上分析，样品径迹年龄和样品高程基本呈正相关（图 7-4），南侧海拔较高，径迹年龄较大，说明海拔不同的样品先后进入退火带的事实。大平沟样品 H226-1 处在南侧且海拔较高，测试的径迹年龄最大，喀腊大湾北段海拔较低，其样品的径迹年龄较小。此外，样品均为侵入岩，且远离断裂带，代表阿尔金北缘山体隆升年龄，而非断层活动年龄。

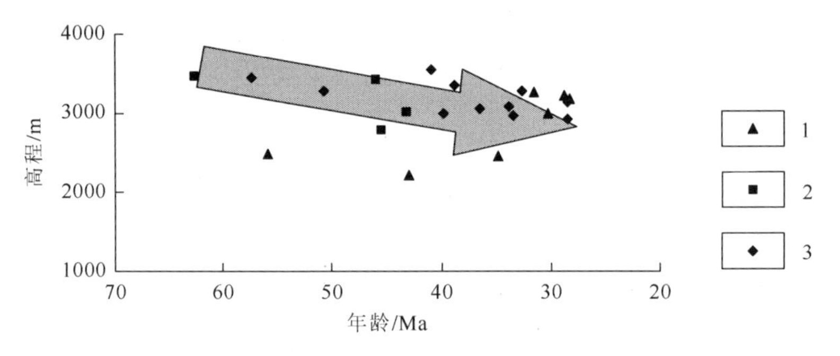

图 7-4　阿尔金北缘地区样品高程和径迹年龄关系

1. 卓阿布拉克样品；2. 大平沟样品；3. 喀腊大湾样品

7.3.2　热史模拟

裂变径迹的长度的差异记录了不同样品经历的时间-温度信息，因此，利用径迹长度和年龄可以模拟出样品所经历的热历史。阿尔金北缘地区样品的热演化史模拟是基于地质资料和磷灰石裂变径迹数据的分析，热史模拟软件为 AFTSolve，采用 Ketcham 等（1999）多组分退火模型和 Monte Carlo 方法，Dpar 初始值为 1.5，初始径迹长度为 16.3μm，模拟次数设置为 10000 次。多次模拟得出可接受模拟区间、好的模拟区间和最佳模拟曲线。

卓阿布拉克和大平沟样品模拟结果见图 7-5，喀腊大湾样品模拟结果见图 7-6。从图 7-5 和图 7-6 中可以看出，除样品 H204-1 和 H293-1“K-S 检验”值为 0.43 和 0.34 外，其他样品均不小于 0.5，“年龄 GOF”值均大于 0.5，说明所有样品模拟结果可以接受且可信度高（“K-S 检验”代表径迹长度模拟值和实测值的吻合程度；“年龄 GOF”代表径迹年龄模拟值和实测值的吻合程度）。若“K-S 检验”和“年龄 GOF”都大于 0.05 时，表明模拟结果可以接受，当它们的值超过 0.5 时，模拟结果较好（Green，1981；朱文斌等，2007）。

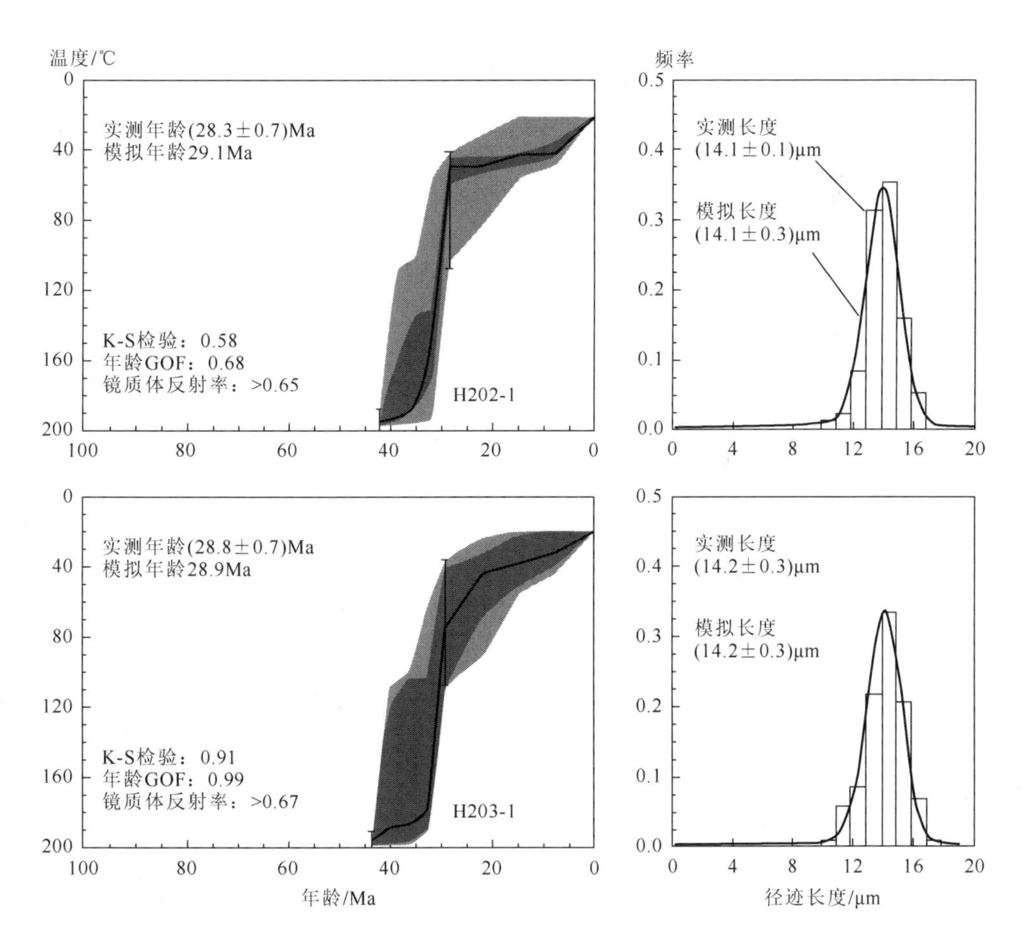

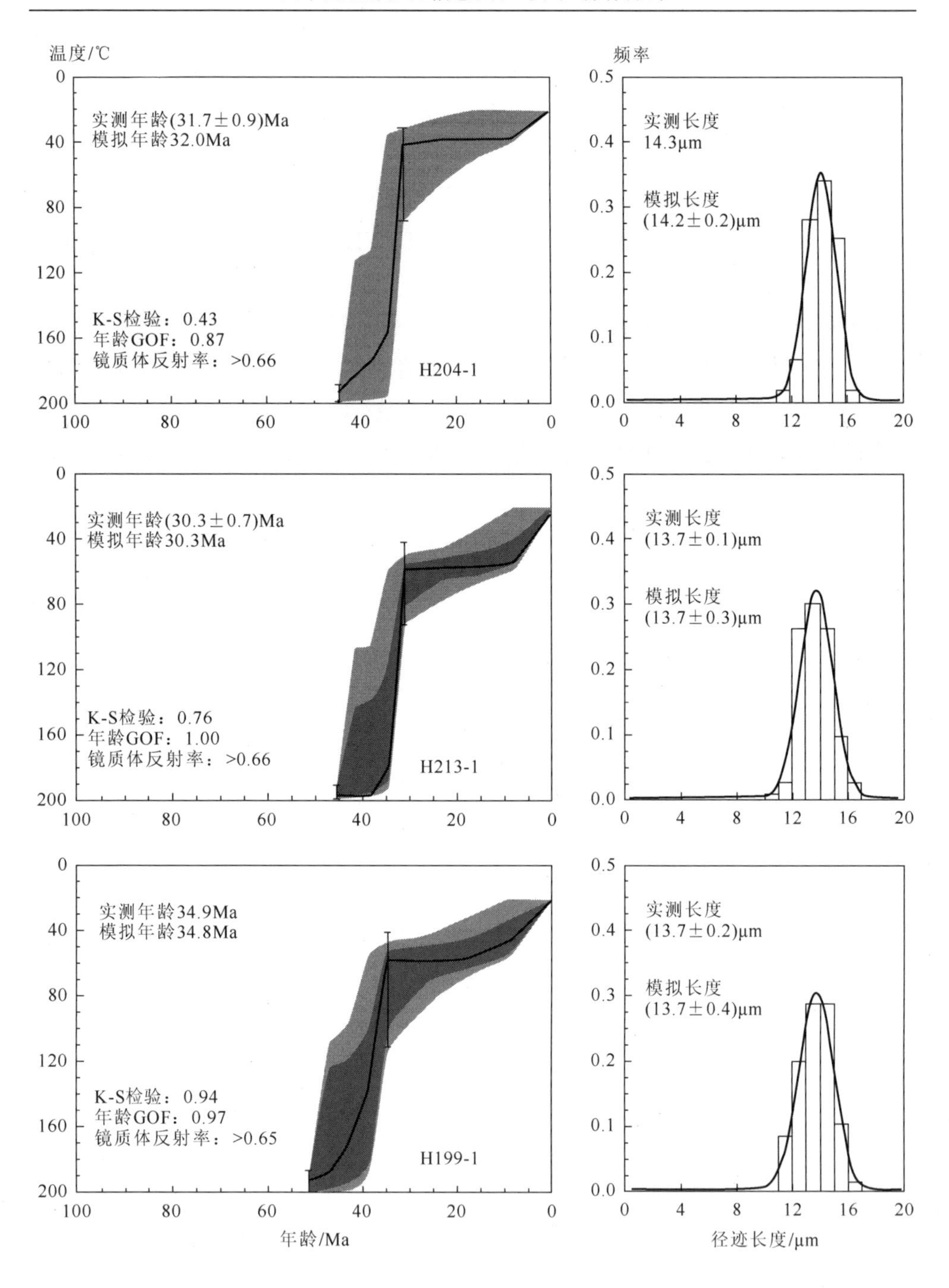

温度/℃
频率
实测年龄(31.7±0.9)Ma
模拟年龄32.0Ma
K-S检验：0.43
年龄GOF：0.87
镜质体反射率：>0.66
H204-1
实测长度
14.3μm
模拟长度
(14.2±0.2)μm
实测年龄(30.3±0.7)Ma
模拟年龄30.3Ma
K-S检验：0.76
年龄GOF：1.00
镜质体反射率：>0.66
H213-1
实测长度
(13.7±0.1)μm
模拟长度
(13.7±0.3)μm
实测年龄34.9Ma
模拟年龄34.8Ma
K-S检验：0.94
年龄GOF：0.97
镜质体反射率：>0.65
H199-1
实测长度
(13.7±0.2)μm
模拟长度
(13.7±0.4)μm
年龄/Ma
径迹长度/μm

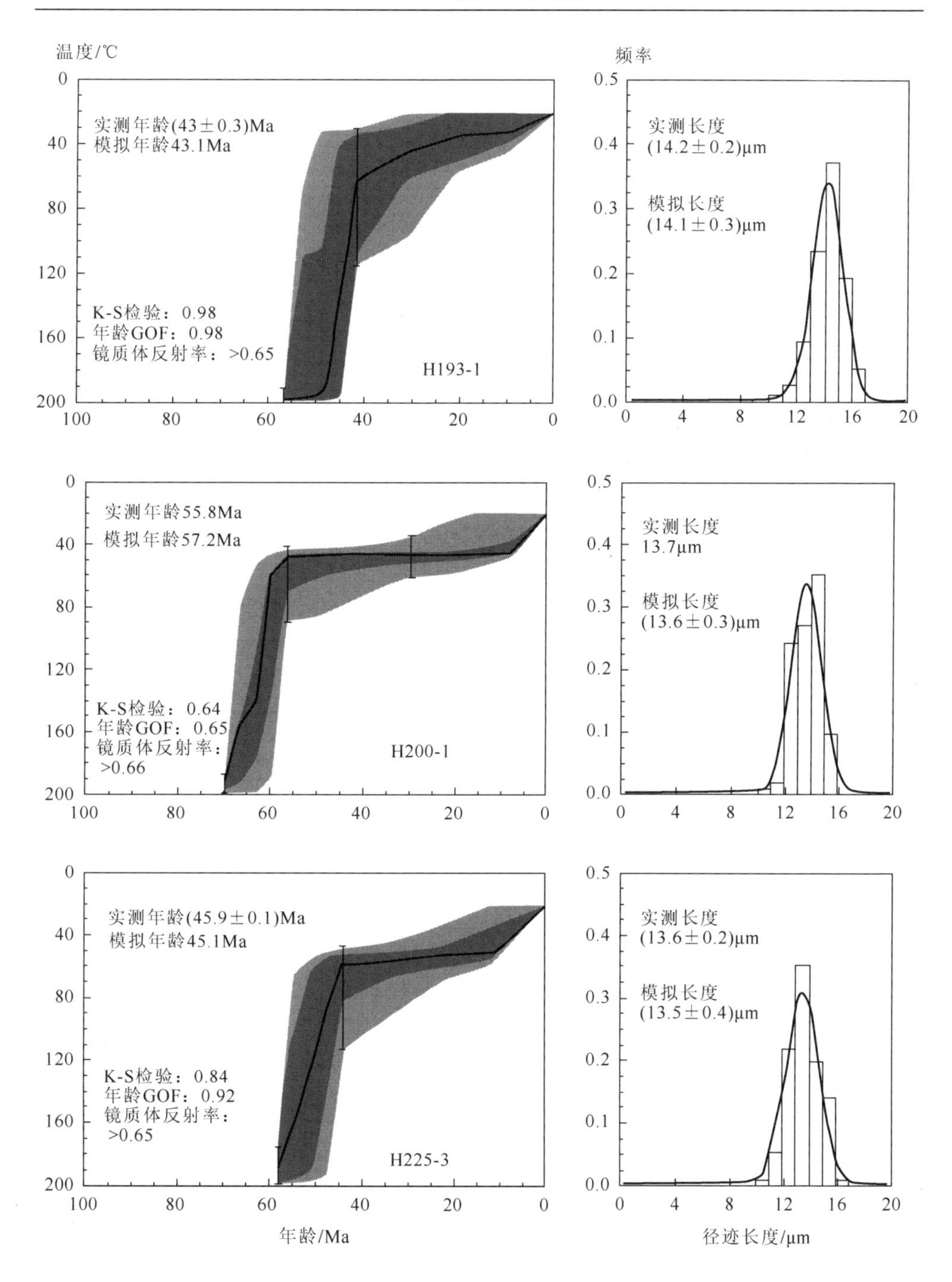

温度/℃
实测年龄(43±0.3)Ma
模拟年龄43.1Ma
K-S检验：0.98
年龄GOF：0.98
镜质体反射率：>0.65
H193-1
频率
实测长度
(14.2±0.2)μm
模拟长度
(14.1±0.3)μm
实测年龄55.8Ma
模拟年龄57.2Ma
K-S检验：0.64
年龄GOF：0.65
镜质体反射率：
>0.66
H200-1
实测长度
13.7μm
模拟长度
(13.6±0.3)μm
实测年龄(45.9±0.1)Ma
模拟年龄45.1Ma
K-S检验：0.84
年龄GOF：0.92
镜质体反射率：
>0.65
H225-3
实测长度
(13.6±0.2)μm
模拟长度
(13.5±0.4)μm
年龄/Ma
径迹长度/μm

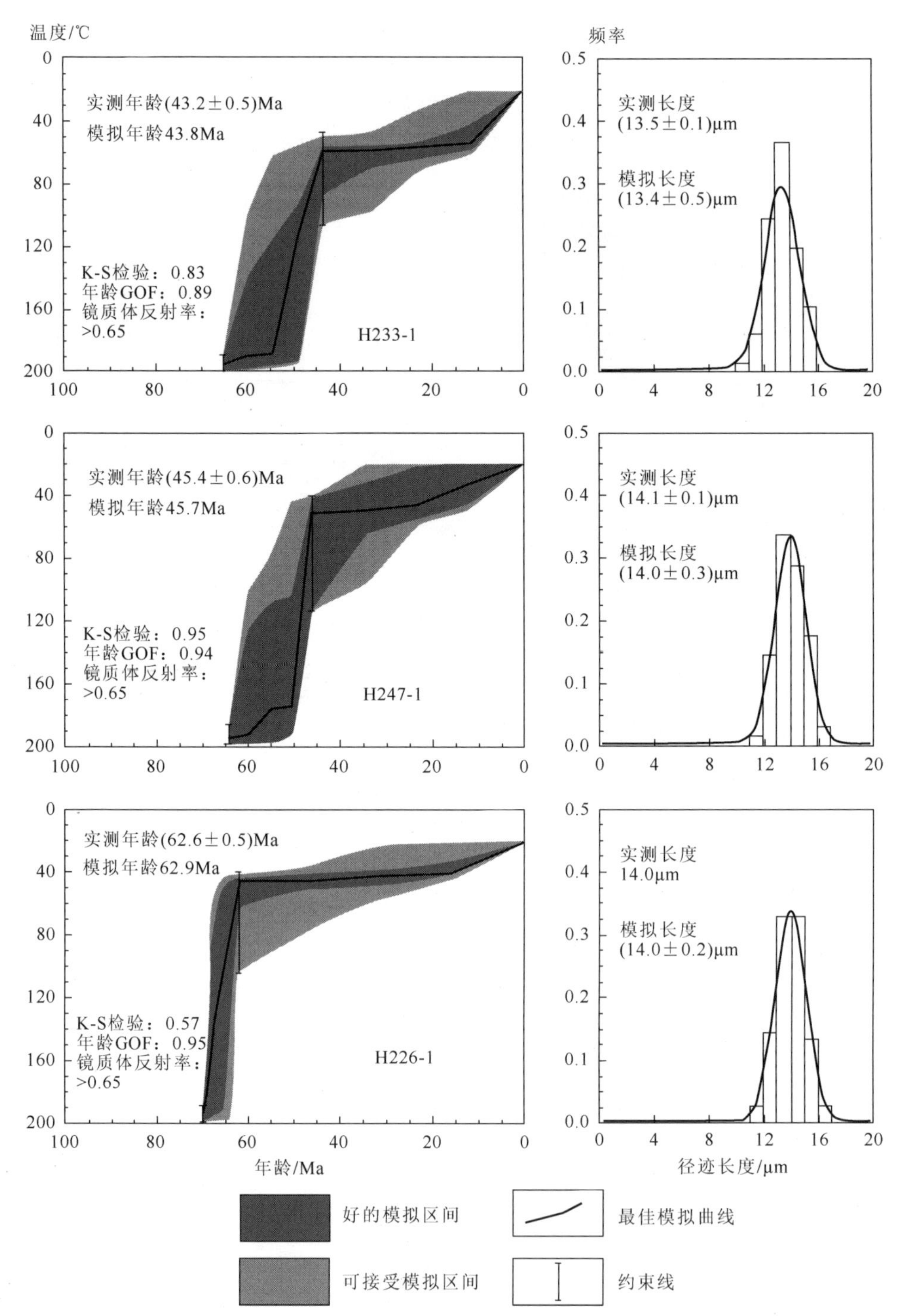

图 7-5　卓阿布拉克、大平沟样品热模拟图（前 7 个样品为卓阿布拉克样品，后 4 个样品为大平沟样品）

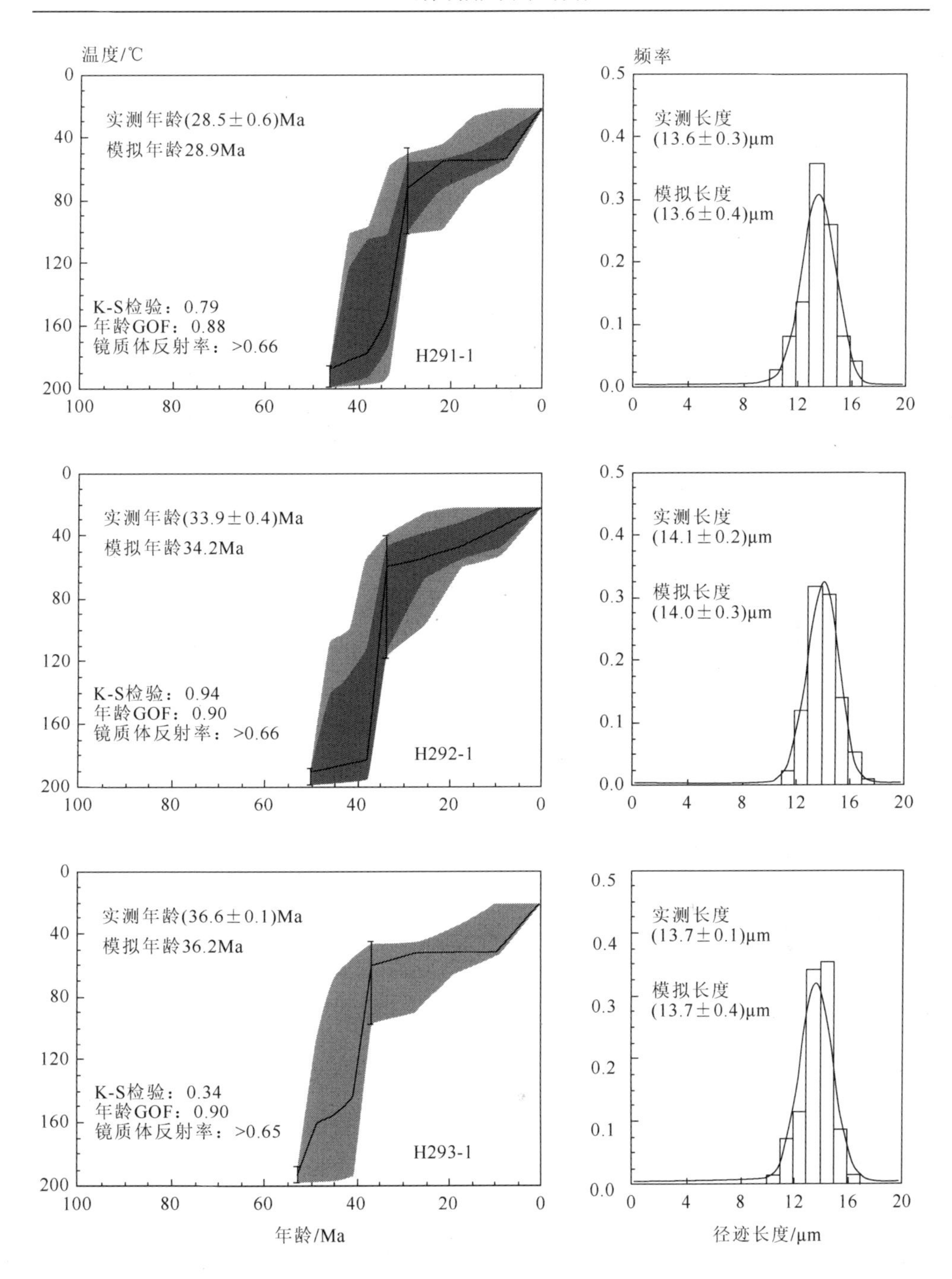
温度/℃
频率
实测年龄(28.5±0.6)Ma
模拟年龄28.9Ma
K-S检验：0.79
年龄GOF：0.88
镜质体反射率：>0.66
H291-1
实测长度
(13.6±0.3)μm
模拟长度
(13.6±0.4)μm
实测年龄(33.9±0.4)Ma
模拟年龄34.2Ma
K-S检验：0.94
年龄GOF：0.90
镜质体反射率：>0.66
H292-1
实测长度
(14.1±0.2)μm
模拟长度
(14.0±0.3)μm
实测年龄(36.6±0.1)Ma
模拟年龄36.2Ma
K-S检验：0.34
年龄GOF：0.90
镜质体反射率：>0.65
H293-1
实测长度
(13.7±0.1)μm
模拟长度
(13.7±0.4)μm
年龄/Ma
径迹长度/μm

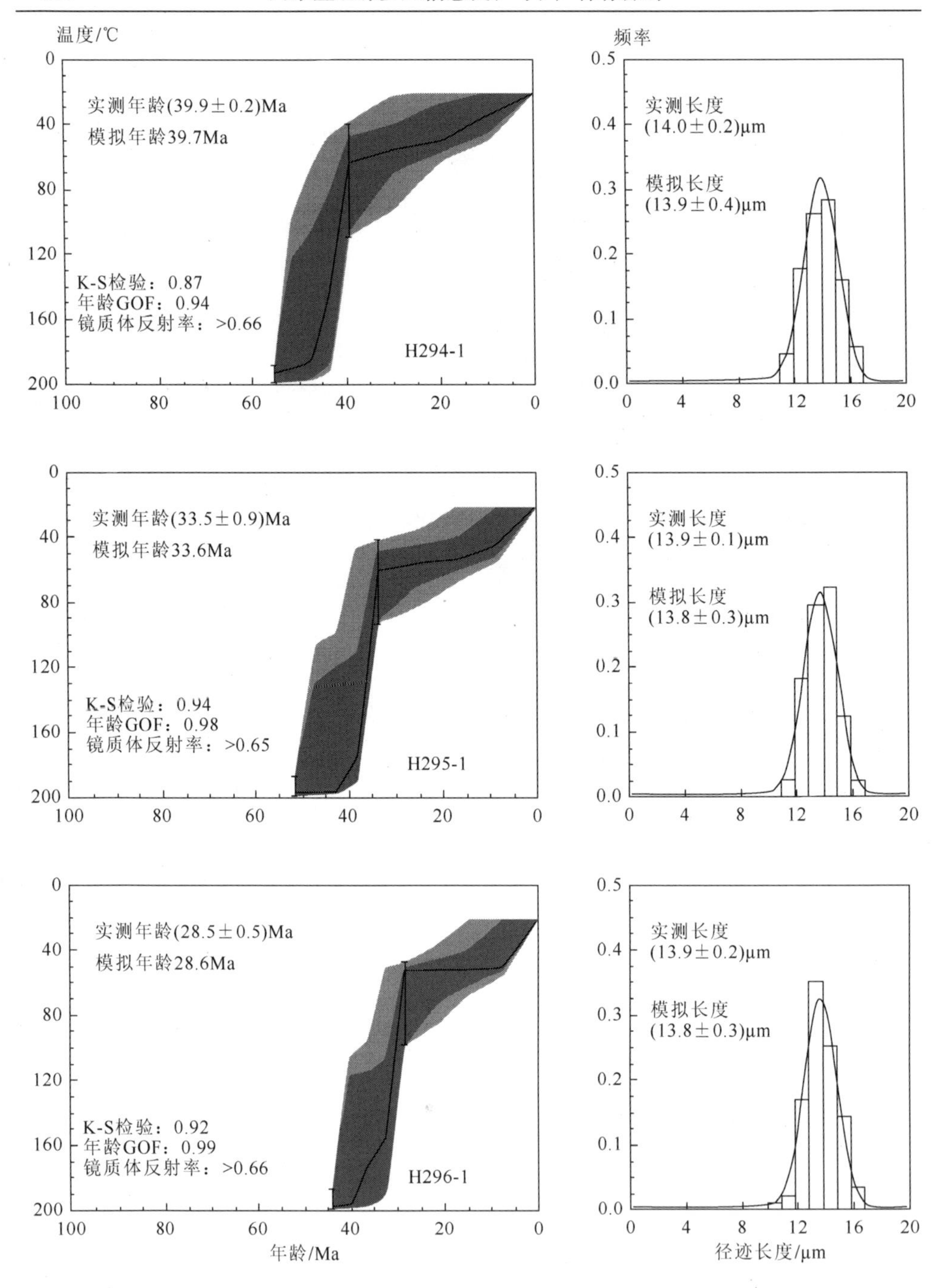

温度/℃
频率
实测年龄(39.9±0.2)Ma
模拟年龄39.7Ma
K-S检验：0.87
年龄GOF：0.94
镜质体反射率：>0.66
H294-1
实测长度
(14.0±0.2)μm
模拟长度
(13.9±0.4)μm
实测年龄(33.5±0.9)Ma
模拟年龄33.6Ma
K-S检验：0.94
年龄GOF：0.98
镜质体反射率：>0.65
H295-1
实测长度
(13.9±0.1)μm
模拟长度
(13.8±0.3)μm
实测年龄(28.5±0.5)Ma
模拟年龄28.6Ma
K-S检验：0.92
年龄GOF：0.99
镜质体反射率：>0.66
H296-1
实测长度
(13.9±0.2)μm
模拟长度
(13.8±0.3)μm
年龄/Ma
径迹长度/μm

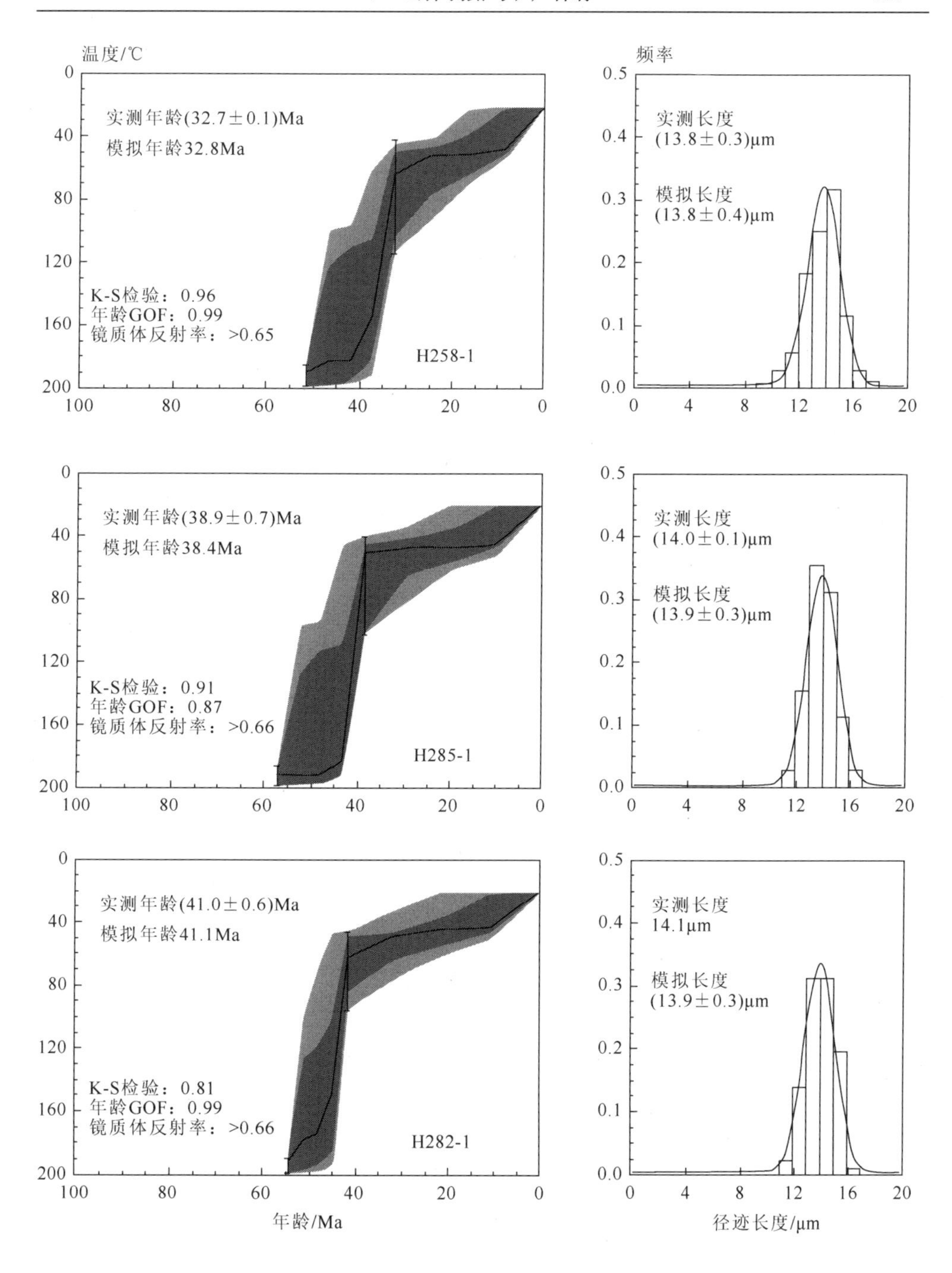
温度/℃
频率
实测年龄(32.7±0.1)Ma
模拟年龄32.8Ma
K-S检验：0.96
年龄GOF：0.99
镜质体反射率：>0.65
H258-1
实测长度
(13.8±0.3)μm
模拟长度
(13.8±0.4)μm
实测年龄(38.9±0.7)Ma
模拟年龄38.4Ma
K-S检验：0.91
年龄GOF：0.87
镜质体反射率：>0.66
H285-1
实测长度
(14.0±0.1)μm
模拟长度
(13.9±0.3)μm
实测年龄(41.0±0.6)Ma
模拟年龄41.1Ma
K-S检验：0.81
年龄GOF：0.99
镜质体反射率：>0.66
H282-1
实测长度
14.1μm
模拟长度
(13.9±0.3)μm
年龄/Ma
径迹长度/μm

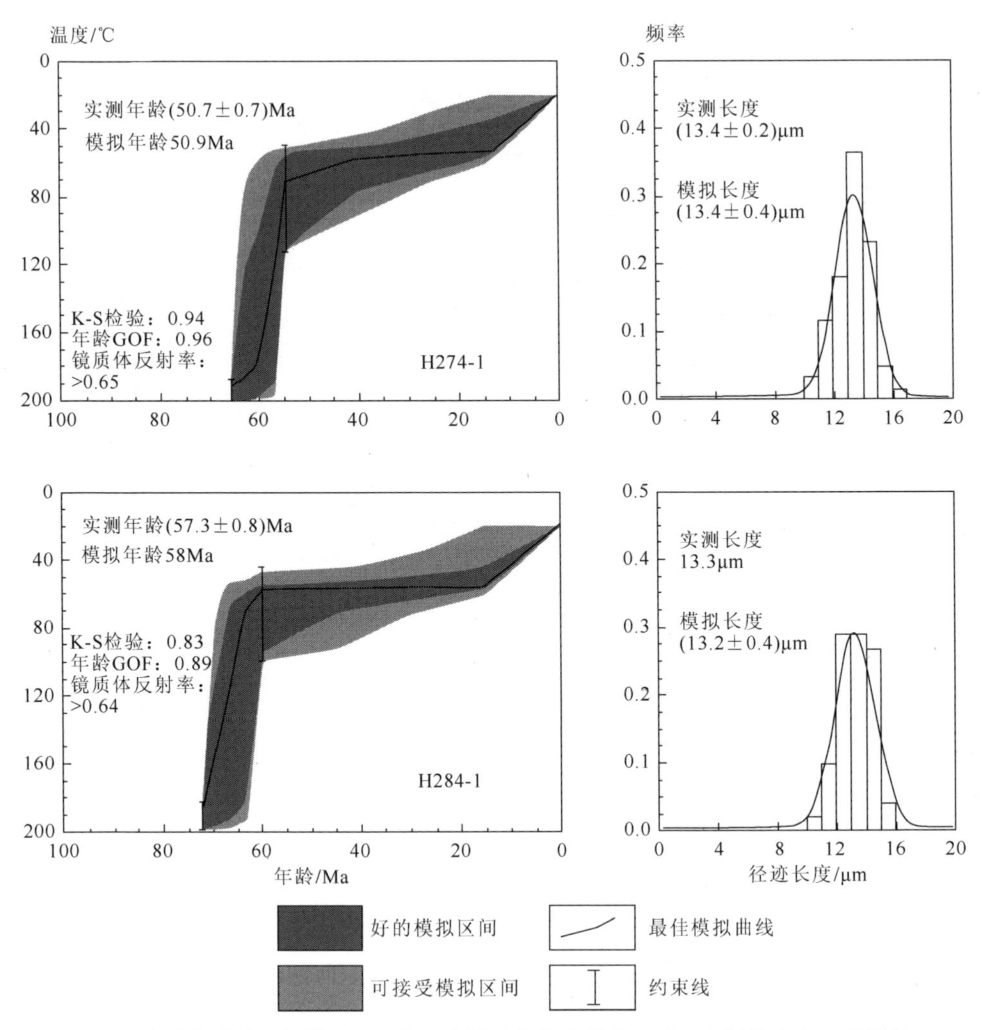

图 7-6　喀腊大湾样品热模拟图（前 6 个样品为北段样品，后 5 个样品为中南段样品）

根据研究区样品模拟的温度-时间曲线可知，卓阿布拉克、大平沟和喀腊大湾的样品均呈现类似的热历史，表明所有样品在新生代经历了快速隆升剥露和缓慢剥蚀过程。卓阿布拉克地区，样品 H200-1 开始快速隆升相对早，发生在古新世（～63Ma），其余样品模拟曲线均表现快速隆升发生在始新世—渐新世（45～28Ma）；大平沟地区，样品 H226-1 开始隆升在古新世（～65Ma），其余样品隆升均在始新世（50～43Ma）；喀腊大湾地区，北段 6 个样品为一组，具有基本一致的热史模拟曲线，快速隆升发生在渐新世（40～28Ma），中南段样品 H284-1 和 H274-1 位置相近，快速隆升发生在古新世（65Ma 和 58Ma），其余 3 个样品快速隆升发生在始新世—渐新世（44～32Ma）。

样品H226-1采自大平沟南段卡拉塔格南部，H284-1采自喀腊大湾中南段，这两个样品均位于研究区南部，模拟年龄分别为62.9Ma和58Ma，最先发生快速隆升；其余样品模拟年龄主要集中在50～28Ma。28Ma至今所有样品温度均降到磷灰石退火带以外，且未发生增温过程，模拟曲线表明没有再次的山体隆升事件。根据研究区样品径迹年龄和热史模拟曲线，阿尔金北缘山体隆升主要发生在古近纪。

陈正乐等（2006a）利用裂变径迹定年技术测得红柳沟—拉配泉山脉内岩性为钾长花岗岩的阿北冰沟岩体（卓阿布拉克岩体）径迹年龄位于61～34Ma，径迹长度为12.1～12.3μm（无扰动基岩型），通过对数据的分析得出，该岩体的隆升剥露作用发生于古新世—渐新世早期。本次研究在此基础上对这些样品进一步开展了温度-时间的热历史反演模拟，从热模拟图（图7-7）中可以看出，除样品D541隆升发生在中生代晚期（～75Ma）外，其他样品均发生在新生代（65～40Ma）。所有热史模拟曲线和本次模拟具有相似性，说明样品中磷灰石经历的热事件是类似的。

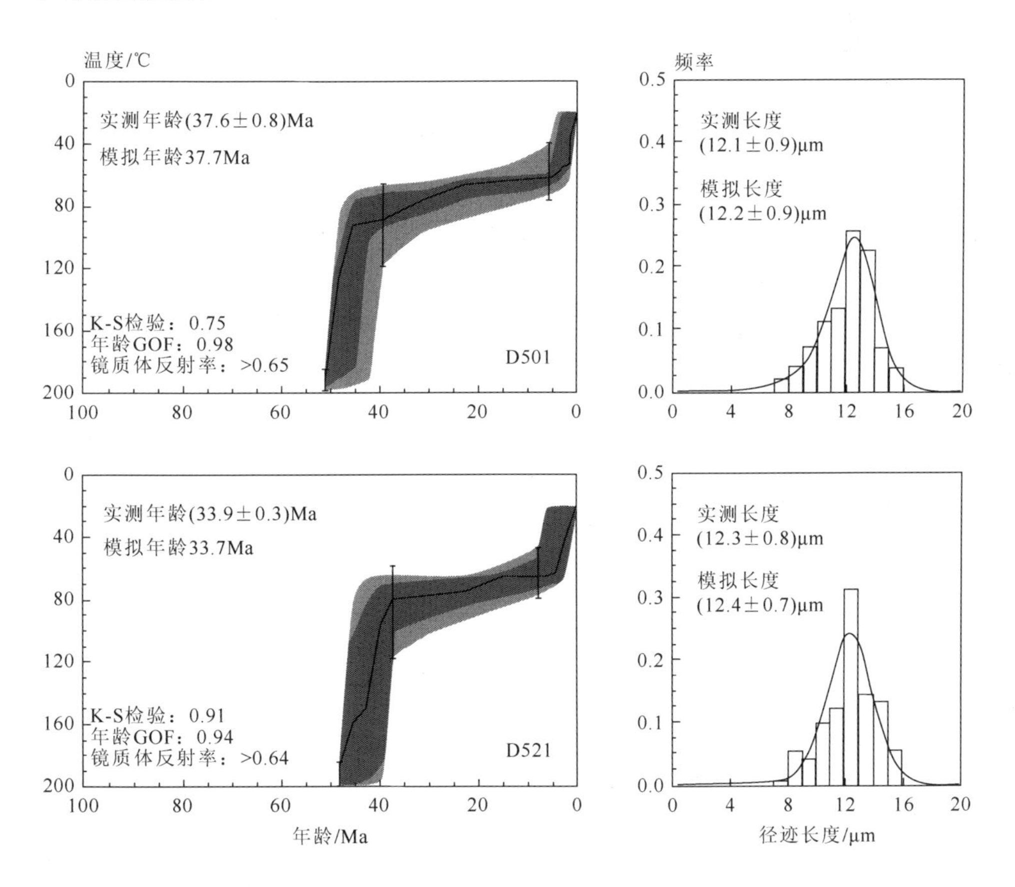

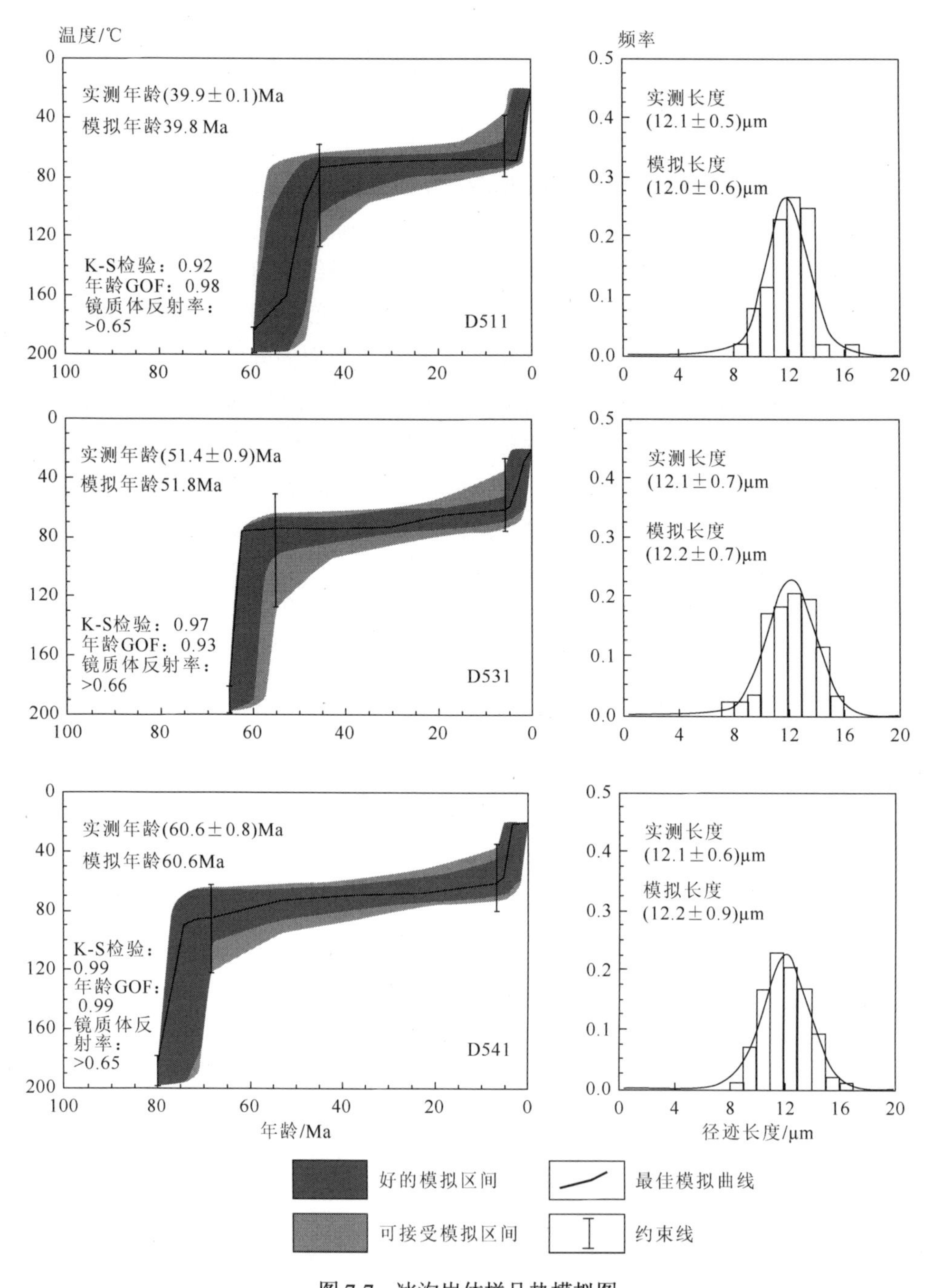

图 7-7　冰沟岩体样品热模拟图

7.4 山体隆升剥露过程

7.4.1 新生代构造热事件

对于阿尔金山体的隆升剥露及断裂的走滑运动，部分学者利用磷灰石裂变径迹做了相关研究（图 7-1）。Jolivet 等（1999，2001）利用磷灰石裂变径迹得出阿尔金中段和昆仑地区在新生代 30Ma 以前有一次隆升。陈正乐等（2001a）对阿尔金若羌—茫崖地区做磷灰石裂变径迹测试，得到 36.4～13.8Ma 的年龄，推测阿尔金山脉隆升始于渐新世延续到中新世，且非均匀隆升。陈正乐等（2006a）测得阿尔金北缘红柳沟—拉配泉山脉内冰沟岩体（卓阿布拉克岩体）的径迹年龄为 61～34Ma，认为该岩体的隆升剥露作用发生于古新世—渐新世早期。阿尔金断裂带东段酒西盆地北缘受欧亚板块南部昆仑、羌塘、拉萨地体的碰撞拼合和印度板块碰撞后持续挤压作用，在 42～28Ma 经历了类似于青藏高原北缘地区的冷却降温历史（张志诚等，2008）。Wang 等（2006）测得阿尔金断裂中段阿卡腾龙山地区磷灰石径迹年龄为 62.9～15.2Ma，多数年龄集中在～18Ma。本书的磷灰石径迹年龄和热史模拟结果同样反映出阿尔金北缘山体在 65～28Ma 的隆升剥露时间。大量的研究表明整个阿尔金地区在古近纪的快速隆升事件具有普遍性和区域性，包括阿尔金断裂及旁侧山脉、NE 向山脉和阿尔金北缘 EW 向山脉，这与青藏高原及周边构造事件发生的时限具有一定的关系，其隆升应该与印度板块向亚欧板块俯冲碰撞导致地壳缩短增厚及青藏高原的隆升有关。

新近纪期间，阿尔金断裂北部阿克塞—当金山口一带及阿尔金断裂带中段附近岩体在 8Ma 左右经历了一次抬升剥露或快速走滑变形的构造热事件作用（万景林等，2001；王瑜等，2002；陈正乐等，2002b）。索尔库里、阿克塞、苏北三个同走滑沉积盆地记录了阿尔金断裂渐新世到中新世构造变形事件（Ritts et al.，2004），阿尔金断裂北部铁江沟组磨拉石也记录了 13.7～9Ma 山体的快速隆升（Sun et al.，2005）。阿尔金中段和昆仑地区在 9～5Ma 发生隆升剥露（Jolivet et al.，1999，2001）。这些研究成果表明在中新世（特别是 8Ma 左右）阿尔金 NE 向山脉发生快速隆升，且阿尔金断裂有大规模走滑运动，但本次阿尔金北缘样品裂变径迹年龄和热史模拟曲线并没有显示～8Ma 山体的快速隆升，说明在渐新世阿尔金北缘 EW 向的山体已经隆升到现今的高度，后期不再有隆升事件，也反应出阿尔金断裂带在 8Ma 左行走滑造成的山体“正花状”挤压抬升并没有影响到阿尔金北缘 EW 向的山脉。野外观察也未发现阿尔金北缘断裂的明显活动迹象，间接支持了上述的推测。因此，在渐新世后期的构造事件主要体现在阿尔金断裂和 NE 向山脉上，阿尔金北缘 EW 向的山体无隆升事件。

7.4.2　山体剥露时空特征

根据样品所处位置、径迹年龄和温度-时间最佳拟合曲线（图 7-8），系统对比阿尔金北缘卓阿布拉克、大平沟、喀腊大湾地区的磷灰石裂变径迹年代学数据，揭示了新生代阿尔金北缘山体隆升具有明显的时空差异性。

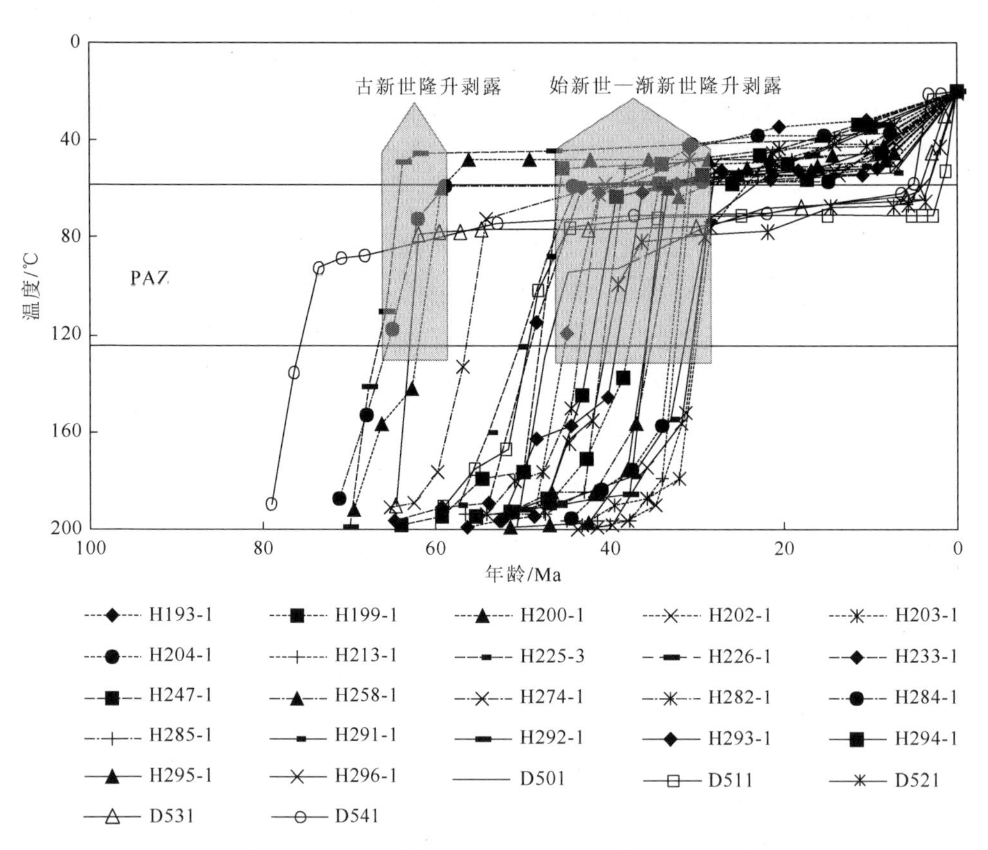

图 7-8　阿尔金北缘样品温度-时间最佳拟合曲线图

PAZ 表示部分退火带

时间上，阿尔金北缘地区至少经历了 1 期的快速隆升和后期的缓慢剥露过程。快速隆升发在古新世—渐新世（65～28Ma），可以分古新世早期（65～57Ma）和中新世中期—渐新世中期（48～28Ma）两个相对集中的隆升时限。样品从封闭温度快速冷却至 50℃左右，假设封闭温度为 110℃，地温梯度为 30℃/km，即样品从地下 3km 抬升至近地表大约 1km 深度，视隆升速率约为 0.50mm/a（快速隆升期限设为 4Ma）；在渐新世之后（28Ma 至今）所有样品模拟曲线相对平稳，样品温度从 50℃左右降到 20℃，视隆升速率约为 0.036mm/a，表明阿尔金北缘地区此时活动微弱，以缓慢剥露为主。

空间上，阿尔金北缘山脉呈现非整体隆升特征，研究区南侧样品的实测径迹年龄相对大于北侧的径迹年龄，揭示山脉隆升由南到北的趋势，这与印度板块由南向北俯冲碰撞亚欧板块事件也是一致的；卓阿布拉克地区和大平沟地区样品实测径迹年龄相近，但模拟隆升剥露过程表明，卓阿布拉克地区存在中生代晚期（～75Ma）隆升剥露记录，大平沟地区主体在新生代开始隆升剥露。这两个地区均早于喀腊大湾地区径迹年龄，说明在古新世—渐新世阿尔金北缘的隆升在东西方向上也不作为一个整体，显示自西向东隆升剥露的趋势。可见，阿尔金北缘山体的隆升在时间上和空间上都具有一定的规律。

7.5　矿产保存探讨

7.5.1　矿产分布与山体剥露关系

第 2 章区域地质背景中已提及，阿尔金北缘经历了古生代阿尔金洋形成、俯冲和造山阶段，中生代陆壳发育、弧后伸展阶段，新生代断裂走滑、山体隆升剥露及盆地形成等阶段（新疆维吾尔自治区地质矿产局，1993；王小凤等，2004）。阿尔金北缘目前已发现的矿产均出露近地表，开采方式为露天开采和近地表平硐开采，说明矿体已剥露至地表附近。通过对大平沟金矿、喀腊大湾铁矿带、喀腊达坂铅锌矿及阿北银铅矿的分析，其成矿时代主要发生在早古生代阶段，即阿尔金北缘地区处于俯冲、挤压的构造背景，热液矿床形成深度如图 7-9 所示（Groves et al.，1998；陈衍景，2006；陈正乐等，2012）。

由图 7-9 可知，金矿、银矿和铅锌矿的成矿深度范围较广，从浅成带至深成带均有成矿可能性，铁矿的形成深度主要在浅成带和中成带，铜矿的形成深度以中成带和深成带为主，其最大成矿深度比铅锌矿深。另外，需要指出的是在中成带，这些矿种具有同一成矿深度的可能。磷灰石裂变径迹记录的是 120℃以下的地质事件，应用于山体隆升剥蚀，即反映地表以下 3.5km 左右至地表的隆升剥露

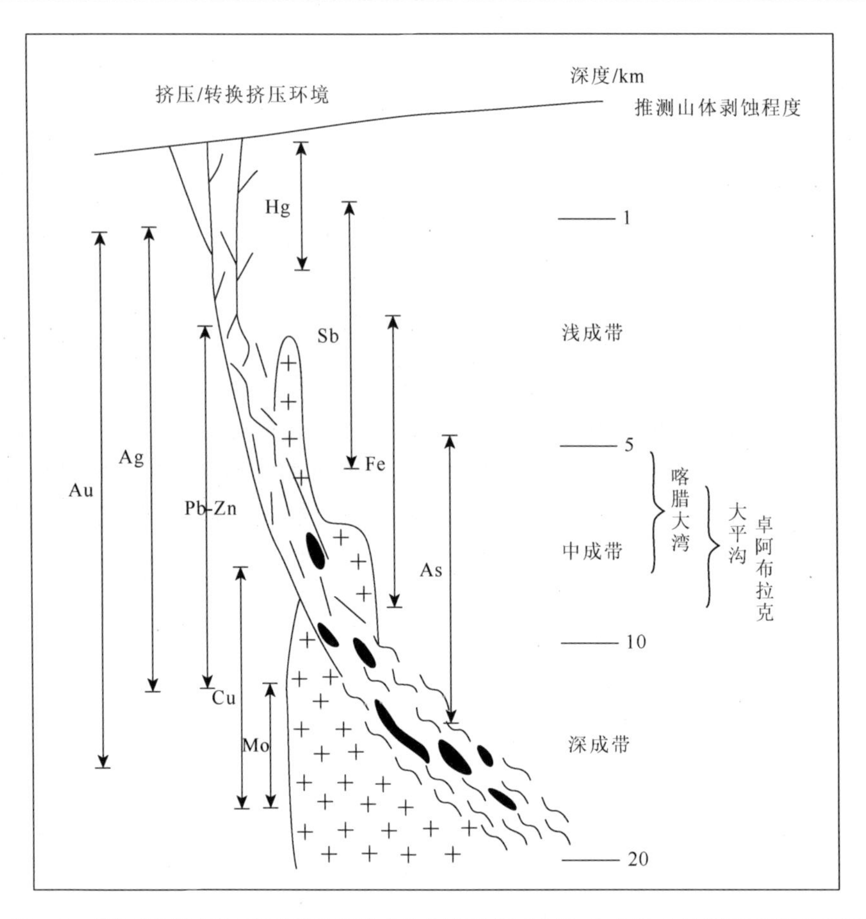

图 7-9　挤压/转换环境下不同深度形成的热液矿床及阿尔金北缘山体剥露程度示意图
（据 Groves et al.，1998；陈衍景，2006；陈正乐等，2012）

过程。结合阿尔金北缘已发现的矿产分布特征和中酸性岩体中磷灰石裂变径迹推测的山体隆升剥露过程，总结出以下规律。

南北方向上，磷灰石裂变径迹年龄及热史模拟曲线说明在中生代晚期至新生代早期，卓阿布拉克断裂、红柳沟—拉配泉断裂一带以南已隆升剥蚀至磷灰石的部分退火带，局部在古新世快速隆升剥蚀，主体在始新世—渐新世快速隆升剥蚀。断裂以北主要在始新世—渐新世快速隆升剥蚀，但略晚于断裂带南部进入部分退火带。矿产的分布在断裂带以南主要有铁矿和铅锌（铜）多金属矿，断裂带以北有金矿、铁矿、铜矿和银铅矿，对比热液矿床形成深度（图 7-9），断裂两侧山体的剥露差异程度不明显，推测剥蚀深度超过 5km，但断裂南部相对更早发生隆升剥露。

东西方向上，从阿尔金北缘红柳沟—拉配泉一带主要矿产分布简图（图3-1）可以看出，卓阿布拉克及以西地区已发现有6个金矿床、3个铁矿床和2个成矿深度较深的铜矿床，大平沟地区（研究区中部）出露有3个金矿床、1个铜矿床和1个铁矿床，喀腊大湾地区（研究区东部）出露一系列铁矿床和铅锌银（铜）多金属矿床。可见，反映成矿较深的铜矿主要分布在阿尔金北缘的中西部地区，成矿较浅的铁矿主要分布在研究区的东部地区。结合磷灰石裂变径迹年龄和热史模拟曲线可知，阿尔金北缘卓阿布拉克及以西地区比大平沟地区剥露相对多一些，但总体相差不大；研究区中西部地区剥露程度比东部相对深。结合矿产成矿深度，推测研究区中西部剥蚀深度为7～9km，东部剥蚀深度为6～8km。阿尔金北缘山体的剥露特征也反映了早古生代阿尔金洋的闭合是自西向东的过程。

7.5.2 区域及深部找矿启示

通过对阿尔金北缘山体隆升剥露与矿产分布关系的探讨，结合不同热液矿床形成深度（图7-9）和研究区剥蚀程度的推测，在不考虑其他成矿条件（物源等）的情况下，认为阿尔金北缘中西部剥蚀深度基本达到铁矿形成的最大深度，即铁矿体已基本被剥蚀殆尽，保存的矿种主要为可在更深部形成的金矿、铜矿等；东部的剥蚀深度未达到铁矿最大形成深度，矿产的保存状况较好。

矿床原生晕分析（4.3节）中，成矿元素分析显示，贝克滩南金矿中As-Sb、Bi-Pb-Sn、Cu-Zn元素相关性高，且研究区西部已发现有少量铜矿床（点），说明西部可能存在成矿深度更深的Pb、Zn、Cu、As等矿体。喀腊大湾7918铁矿中Co-Ni-V-Zn-Fe、Mn-So、Cu-Ni-V元素相关性强，其深部可能存在Cu、Zn等矿体。喀腊达坂铅锌矿中Sb-Pb-Ag-Hg、Cd-Zn、W-Mo-Bi元素相关性高，其深部可能存在Pb、Ag、Zn、Mo等矿体。

综上分析，对阿尔金北缘区域及深部找矿工作方面有如下认识：包括大平沟、卓阿布拉克和大平沟以西的研究区中西部地区出露成矿深度较深的铜矿，说明剥蚀程度较深，不利于铁矿等成矿深度较浅的矿产保存，因此，应以寻找铜、铅、锌、金、银等可在更深的成矿深度形成的矿种为重点找矿方向；喀腊大湾、喀腊达坂及以东地区地表出露较多的铁矿和铅锌多金属矿，总体未达到铁矿成矿的最大深度，剥蚀程度较浅，且喀腊大湾地区铁矿的分布规律明显，受火山-沉积岩层位控制，沿带状分布，结合这一规律可进行外围找矿，而在深部具有铜、金、铅、锌、钼等矿种的找矿可能。

7.6 本章小结

本章主要利用磷灰石裂变径迹测年技术探讨了阿尔金北缘EW向山脉隆升的时空差异特征。22个岩体分别采自阿尔金北缘EW向山体中的卓阿布拉克、大平沟和喀腊大湾地区。裂变径迹测试结果显示，样品的径迹年龄为（62.6±3.5）～（28.3±1.7）Ma，平均径迹长度均为（13.25±0.15）～（14.29±0.1）μm（表7-1）。进一步根据裂变径迹长度和温度数据，开展了磷灰石温度-时间的反演模拟，所有样品热史模拟曲线形态相对一致，径迹长度分布呈单峰式。本章的主要内容可以概括为以下几个方面。

（1）阿尔金北缘山脉在新生代的隆升具有明显的时空差异性，时间上表现为前期的快速隆升剥露（古新世—渐新世），可分为65～57Ma和48～28Ma这两个相对快速的隆升时间，此时山体已隆升到现今的高度，之后以平稳剥露为主。空间上表现为从南向北和自西向东的隆升趋势，山体隆升主要与印度板块向亚欧板块俯冲碰撞有关。

（2）古近纪山体的隆升剥露在阿尔金地区具有普遍性和区域性，但新近纪的构造事件仅表现在阿尔金断裂旁侧和NE向山体上，阿尔金北缘EW向的山脉处于平静期，总体上与青藏高原及周边地区地质事件具有一定的耦合性。对比分析阿尔金地区的隆升剥露热事件可知，阿尔金山脉新生代的隆升剥露整体性和差异性共存：古近纪阿尔金山脉隆升具有普遍性和区域性，而中新世至今的隆升和剥露仅存在于NEE走向阿尔金断裂带旁侧的山体和NE向的山体，推测中新世以来阿尔金断裂带的快速走滑并没有影响阿尔金北缘EW向山体的隆升和剥露。

（3）阿尔金北缘中西部剥蚀的深度比东部更深，推测的剥蚀深度中西部为7～9km，东部为6～8km。中西部剥蚀程度达到铁矿形成最大深度，应以寻找可在更深成矿深度形成的金矿、铜矿等为重点；东部剥蚀程度未达铁矿最大形成深度，总体保持状况较好，可在区域和深部寻找铁矿、金矿、铅锌铜等多金属矿。

结 束 语

最近几年来，阿尔金北缘相继发现了多个中大型规模的铁、铅、锌等矿床，找矿突破显著，对比研究发现在成矿地质背景、矿床组合和成矿作用特征等方面也与祁连山成矿带十分相似，具有良好找矿远景。本书开展了区域成矿规律总结，结合地质资料、地球化学异常和遥感解译信息，利用 GIS 对不同矿床类型进行了多元信息找矿预测，并根据磷灰石裂变径迹数据研究了新生代阿尔金北缘山体隆升剥露过程，取得主要成果和认识如下。

（1）早古生代奥陶纪浅变质岩系 Au 元素背景值高，是与韧性-韧脆性变形作用相关金矿体的直接赋矿围岩；与海相火山沉积作用有关的矿床赋矿地层为元古宙中酸性火山岩-火山碎屑岩系，矿体与火山沉积地层整合接触，总体产状为近 EW 走向，NNE 倾向；与岩浆热液活动有关的矿床主要赋存于奥陶纪花岗岩的构造破碎带中。

（2）Au 元素高值异常分布在研究区西段红柳沟—恰什坎萨依地区、东段大平沟—喀腊大湾地区和索尔库里北山 3 个集中区；Cu 元素高值异常分布在西段恰什坎萨依—巴什考供—红柳沟和东段喀腊大湾—索尔库里 2 个地区；多金属元素组合异常主要分布在红柳沟—巴什考供和喀腊大湾—索尔库里 2 个地区。

（3）成矿元素因子分析、相关分析和聚类分析结果表明，贝克滩南金矿中 As-Sb、Bi-Pb-Sn、Cu-Zn 元素相关性高，具有铜锌矿成矿的可能性；喀腊大湾 7918 铁矿中 Co-Ni-V-Zn-Fe、Mn-Sn、Cu-Ni-V 元素相关性高，矿床形成具有沉积加后期改造特点；喀腊达坂铅锌矿中 Sb-Pb-Ag-Hg、Cd-Zn、W-Mo-Bi 元素相关性强，地表以下可能存在矿体主体部分。

（4）已知矿点和线性构造的叠加分析可知，500m 线性构造缓冲区是研究区金矿床和铁矿床产出的最佳区域，1.5km 的线性构造缓冲区是铅锌铜矿床产出的最佳区域。

（5）褐铁矿化呈带状分布，沿区内的 NEE 向阿尔金断裂北侧、阿尔金北缘断裂、卓阿布拉克断裂及喀腊达坂—阿克达坂断裂等主要断裂展布。黄钾铁矾集中分布在阿尔金 NEE 向断裂东段北侧，红柳沟、喀腊达坂—阿克达坂断裂及恰克马克塔什达坂地区。铁染蚀变与褐铁矿化范围基本一致，但面积较小。羟基蚀变主要分布在阿尔金北缘的红柳沟、恰什坎萨依、大平沟、白尖山一带，以及 NEE 向断裂东段北侧和喀腊达坂断裂一带。

（6）圈定了 13 个预测远景区，其中金矿远景区 4 个，铁矿远景区 2 个，铅锌铜多金属矿远景区 7 个。金矿有利区分布在研究区西部红柳沟—恰什坎萨依一带；铁矿有利区分布在研究区东部大平沟—喀腊大湾一带；铅锌铜多金属矿主要分布在研究区中东部卓阿布拉克断裂、阿克达坂—喀腊达坂断裂一带。

（7）阿尔金北缘山脉在新生代的隆升剥露具有明显的时空差异性，时间上表现为 65～57Ma 和 48～28Ma 两个相对快速的隆升时间，山体已隆升至现今的高度，渐新世之后以平稳剥露为主；空间上表现为从南向北和自西向东的隆升趋势。古近纪山体的隆升剥露在阿尔金地区具有普遍性和区域性，但新近纪的构造事件仅表现在阿尔金断裂旁侧和 NE 向山体上，阿尔金北缘 EW 向的山脉处于平静期。

（8）阿尔金北缘中西部地区剥蚀程度比东部更深，铁矿已基本被剥蚀，以找金矿、铜矿、铅锌矿为主；东部对矿产的保存状况更好，在外围和深部具有铁矿、金矿、铅锌铜等多金属矿找矿的可能性。

参 考 文 献

车自成，刘良，孙勇. 1995. 阿尔金铅、钕、锶、氩、氧同位素研究及其早期演化. 地球学报，16（3）：334～337.

陈柏林. 2018. 阿尔金山北缘恰什坎萨依地区逆冲推覆构造的发现及其构造意义. 地质通报，37（2/3）：337～344.

陈柏林，曹富根，赵树铭，等. 2011. 阿尔金山东段大平沟地区褶皱构造的特征及其成因. 地质通报，30（12）：1934～1940.

陈柏林，陈宣华，王小凤，等. 2002. 阿尔金北缘地区韧性剪切带型金矿床构造控矿解析. 地质学报，76（2）：235～243.

陈柏林，崔玲玲，白彦飞，等. 2010. 阿尔金断裂走滑位移的确定——来自阿尔金山东段构造成矿带的新证据. 岩石学报，26（11）：3387～3396.

陈柏林，蒋荣宝，李丽，等. 2009. 阿尔金山东段喀腊大湾地区铁矿带的发现及其意义. 地球学报，30（2）：143～154.

陈柏林，李丽，祁万修，等. 2016a. 阿尔金山喀腊大湾铁矿田地质特征与形成时代. 矿床地质，35（2）：315～334.

陈柏林，李松彬，蒋荣宝，等. 2016b. 阿尔金喀腊大湾地区中酸性火山岩 SHRIMP 年龄及其构造环境. 地质学报，90（4）：708～727.

陈柏林，祁万修，崔玲玲，等. 2017. 阿尔金北缘喀腊达坂火山岩型铅锌矿床研究. 地质学报，91（8）：1818～1835.

陈柏林，王世新，祁万修，等. 2008. 阿尔金北缘大平沟韧-脆性变形带特征. 岩石学报，24（4）：637～644.

陈柏林，王小凤，杨风，等. 2003. 阿尔金北缘索尔库里北山铜银矿床控矿构造分析. 地质力学学报，9（3）：232～240.

陈柏林，王永，陈正乐，等. 2015. 阿尔金山喀腊大湾地区控矿构造系统研究. 地学前缘，22（4）：67～77.

陈柏林，杨屹，王小凤，等. 2005. 阿尔金北缘大平沟金矿床成因. 矿床地质，24（2）：168～178.

陈柏林，赵恒乐，马玉周，等. 2012. 阿尔金山阿北银铅矿控矿构造特征与矿床成因初探. 矿床地质，31（1）：13～26.

陈炳贵. 2015. 香花岭地区多金属矿床矿化规模的定量评价及预测研究. 地球物理学进展，30（5）：

2125～2135.

陈建平，陈勇，王全明. 2008a. 基于 GIS 的多元信息成矿预测研究——以赤峰地区为例. 地学前缘，15（4）：18～26.

陈建平，唐菊兴，付小方，等. 2008b. 西南三江中段成矿规律与成矿预测研究. 北京：地质出版社.

陈建平，严琼，李伟，等. 2013. 地质单元法区域成矿预测. 吉林大学学报（地球科学版），43（4）：1083～1091.

陈文寄，计凤桔，王非. 1999. 年轻地质体系的年代测定（续）——新方法、新进展. 北京：地震出版社.

陈宣华，Gehrels G，王小凤，等. 2003. 阿尔金山北缘花岗岩的形成时代及其构造环境探讨. 矿物岩石地球化学通报，22（4）：294～298.

陈宣华，杨风，王小凤，等. 2002. 阿尔金北缘地区剥离断层控矿和金矿成因——以大平沟金矿床为例. 吉林大学学报（地球科学版），32（2）：122～127.

陈宣华，尹安，George E G，等. 2009. 阿尔金山东段地质热年代学与构造演化. 地学前缘，16（3）：207～219.

陈衍景. 2006. 造山型矿床、成矿模式及找矿潜力. 中国地质，33（6）：1181～1196.

陈永清，陈建国，汪新庆，等. 2008. 基于 GIS 矿产资源综合定量评价技术. 北京：地质出版社.

陈永清，汪新庆，陈建国，等. 2007. 基于 GIS 的矿产资源综合定量评价. 地质通报，26（2）：141～149.

陈正乐. 2002. 阿尔金断裂带中段新生代走滑历史研究-盆地沉积和山脉隆升证据. 北京：中国地质科学院.

陈正乐，陈宣华，王小凤，等. 2002a. 阿尔金地区构造应力场及其对金属矿产分布的控制作用. 地质与勘探，38（5）：18～23.

陈正乐，宫红良，李丽，等. 2006a. 阿尔金山脉新生代隆升-剥露过程. 地学前缘，13（4）：91～102.

陈正乐，李丽，刘健，等. 2008. 西天山隆升-剥露过程初步研究. 岩石学报，24（4）：625～636.

陈正乐，刘健，孙知明，等. 2005. 阿尔金山脉新生代剥露历史——前陆盆地沉积记录. 地质通报，24（4）：302～308.

陈正乐，万景林，刘健，等. 2006b. 西天山山脉多期次隆升-剥露的裂变径迹证据. 地球学报，27（2）：97～106.

陈正乐，万景林，王小凤，等. 2002b. 阿尔金断裂带 8Ma 左右的快速走滑及其地质意义. 地球学报，23（4）：295～300.

陈正乐，张岳桥，陈宣华，等. 2001a. 阿尔金断裂中段晚新生代走滑过程的沉积响应. 中国科学（D 辑），31（增刊）：90～96.

陈正乐，张岳桥，王小凤，等. 2001b. 新生代阿尔金山脉隆升历史的裂变径迹证据. 地球学报，

22（5）：413～418.
陈正乐，周永贵，韩凤彬，等. 2012. 天山山脉剥露程度与矿产保存关系初探. 地球科学（中国地质大学学报），37（5）：903～916.
成秋明. 2006. 非线性成矿预测理论：多重分形奇异性-广义自相似性-分形谱系模型与方法. 地球科学（中国地质大学学报），31（3）：337～348.
成秋明. 2012. 覆盖区矿产综合预测思路与方法. 地球科学（中国地质大学学报），37（6）：1109～1125.
成秋明，陈志军，Khaled A. 2007. 模糊证据权方法在镇沅（老王寨）地区金矿资源评价中的应用. 地球科学（中国地质大学学报），32（2）：175～184.
成秋明，刘江涛，张生元，等. 2009a. GIS 中的空间建模器技术及其在全国矿产资源潜力预测中的应用. 地球科学（中国地质大学学报），34（2）：338～346.
成秋明，赵鹏大，陈建国，等. 2009b. 奇异性理论在个旧锡铜矿产资源预测中的应用：成矿弱信息提取和复合信息分解. 地球科学（中国地质大学学报），34（2）：232～242.
迟国彬，李岩. 1996. 基于 GIS 的遥感信息识别与综合评价模型研究——以金矿遥感勘查为例. 华南师范大学学报（自然科学版），41（4）：35～42.
崔军文，唐哲民，邓晋福，等. 1999. 阿尔金断裂系. 北京：地质出版社.
崔玲玲. 2010. 阿尔金山东段喀腊达坂铅锌矿床地质特征及成因初探. 北京：中国地质科学院.
崔宁，陈建平，向杰. 2018. 中国铜矿预测模型与资源潜力. 地学前缘，25（3）：13～30.
付明希. 2003. 磷灰石裂变径迹退火动力学模型研究进展综述. 地球物理学进展. 18（4）：650～655.
甘甫平，王润生. 2004. 遥感岩矿信息提取基础与技术方法研究. 北京：地质出版社.
葛肖虹，刘永江，任收麦. 2002. 青藏高原隆升动力学与阿尔金断裂. 中国地质，29（4）：346～350.
耿新霞. 2011. 新疆阿尔泰南缘铁矿遥感信息提取及找矿预测. 北京：中国地质科学院.
郭召杰，张志诚，王建君. 1998. 阿尔金山北缘蛇绿岩带的 Sm-Nd 等时线年龄及其大地构造意义. 科学通报，43（18）：1981～1984.
韩凤彬，陈柏林，崔玲玲，等. 2012. 阿尔金山喀腊大湾地区中酸性侵入岩 SHRIMP 年龄及其意义. 岩石学报，28（7）：2277～2291.
韩玲，杨军录，陈劲松. 2017. 遥感信息提取及地质解译. 北京：科学出版社.
郝瑞祥，陈柏林，陈正乐，等. 2013. 新疆阿尔金山喀腊大湾地区玄武岩的地球化学特征及地质意义. 地球学报，34（3）：307～317.
何江涛，陈柏林，陈安东. 2016. 阿尔金北缘大平沟金矿床赋矿围岩 LA-ICP-MS U-Pb 年龄及其地质意义. 地质论评，62（Supp）：305～306.
胡光道，陈建国. 1998. 金属矿产资源评价分析系统设计. 地质科技情报，17（1）：45～49.
黄诚，陈炳贵，陈杰强，等. 2018. 基于 MORPAS 证据权重法的湖南大瑶地区金矿成矿远景预测. 地球物理学进展，33（2）：625～632.
黄文斌，肖克炎，丁建华. 等. 2011. 基于 GIS 的固体矿产资源潜力评价. 地质学报，85（11）：1834～1843.
金庆花，朱丽丽，张立新，等. 2009. 矿产资源评价与矿山环境监测中高光谱遥感技术方法应用的实例. 地质通报，28（2-3）：278～284.
荆凤，陈建平. 2005. 矿化蚀变信息的遥感提取方法综述. 遥感信息，20（2）：62～65，57.
康铁笙，翟鹏济，冯石. 1990. 用裂变径迹法研究沉积盆地的地质热历史. 科学通报，35（1）：60～62.
康铁笙，王世成. 1991. 地质热历史研究的裂变径迹法. 北京：科学出版社.
李宝强，张晶，孟广路，等. 2010. 西北地区矿产资源潜力地球化学评价中成矿元素异常的圈定方法. 地质通报，29（11）：1685～1695.
李惠，禹斌，李德亮. 2011. 构造叠加晕找盲矿法及找矿效果. 北京：地质出版社.
李惠，张文华，常凤池，等. 1998. 大型、特大型金矿盲矿预测的原生叠加晕模型. 北京：冶金工业出版社.
李松彬，陈柏林，陈正乐，等. 2013. 阿尔金北缘喀腊大湾地区早古生代中酸性火山熔岩岩石地球化学特征及其构造环境. 地质论评，59（3）：423～436.
李小明. 1999. 裂变径迹退火动力学及其研究进展. 矿物岩石地球化学通报，18（3）：202～205.
李新中，赵鹏大，肖克炎. 等. 1998. 矿床统计预测单元划分的方法与程序. 矿床地质，17（4）：369～375.
李学智，陈柏林，陈宣华，等. 2002. 大平沟金矿床矿石特征与金的赋存状态. 地质与勘探，38（5）：49～53.
李月臣，陈柏林，陈正乐，等. 2007. 阿尔金北缘红柳沟-拉配泉一带铜金矿床硫同位素特征及其意义. 地质力学学报，13（2）：131～140.
刘超，王国灿，王岸，等. 2007. 喜马拉雅山脉新生代差异隆升的裂变径迹热年代学证据. 地学前缘，14（6）：273～281.
刘崇民. 2006. 金属矿床原生晕研究进展. 地质学报，80（10）：1528～1538.
刘光鼎. 2002. 回顾与展望——21 世纪的固体地球物理. 地球物理学进展，17（2）：191～197.
刘光鼎，郝天珧，刘伊克. 1997. 中国大地构造宏观格架及其与矿产资源的关系——根据地球物理资料的认识. 科学通报，42（2）：113～118.
刘锦宏，刘良，盖永升，等. 2017. 北阿尔金白尖山地区花岗闪长岩锆石 U-Pb 定年、Hf 同位素组成及其地质意义. 地质学报，91（5）：1022～1038.
刘亢，李海兵，王长在，等. 2018. 基于小震定位与震源机制解信息的阿尔金断裂带东段构造转换研究. 地球物理学报，61（11）：4459～4474.
刘良，车自成，王焰，等. 1999. 阿尔金高压变质岩带的特征及其构造意义. 岩石学报，15（1）：57～64.

刘亮明，王志强，彭省临，等. 2002. 综合信息论在储量危急矿山深边部找矿中的应用——以铜陵凤凰山铜矿为例. 地质科学，37（4）：444～452.

刘英俊，邱德同. 1987. 勘查地球化学. 北京：地质出版社.

刘永江，Neubauer F，葛肖虹，等. 2007. 阿尔金断裂带年代学和阿尔金山隆升. 地质科学，42（1）：134～146.

刘永江，葛肖虹，Genser J，等. 2003. 阿尔金断裂带构造活动的 $^{40}Ar/^{39}Ar$ 年龄证据. 科学通报，48（12）：1335～1341.

刘永顺，辛后田，周世军，等. 2010. 阿尔金山东段拉配泉地区前寒武纪及古生代构造演化. 北京：地质出版社.

柳振江，王建平，郑德文，等. 2010. 胶东西北部金矿剥蚀程度及找矿潜力和方向——来自磷灰石裂变径迹热年代学的证据. 岩石学报，26（12）：3597～3611.

毛德宝，武永平，葛桂平，等. 2006a. 阿尔金成矿带主要金属矿床地质地球化学特征及成因初探. 地质调查与研究，29（1）：1～10.

毛德宝，钟长汀，牛广华，等. 2006b. 阿尔金成矿带成矿规律与找矿预测. 西北地质，39（2）：114～127.

梅安新，彭望禄，秦其明. 等. 2001. 遥感导论. 北京：高等教育出版社.

孟繁聪，张建新，于胜尧，等. 2010. 北阿尔金红柳泉早古生代枕状玄武岩及其大地构造意义. 地质学报，84（7）：981～990.

孟令通，陈柏林，王永，等. 2016. 北阿尔金早古生代构造体制转换的时限：来自花岗岩的证据. 大地构造与成矿学，40（2）：295～307.

潘国成. 2010. 矿产资源评价中的核心问题. 地质通报，29（10）：1413～1429.

潘家伟，李海兵，孙知明，等. 2015. 阿尔金断裂带新生代活动在柴达木盆地中的响应. 岩石学报，31（12）：3701～3712.

裴军令，周在征，李海兵，等. 2016. 中中新世以来阿尔金断裂走滑未造成柴达木盆地整体旋转. 吉林大学学报（地球科学版），46（1）：163～174.

彭银彪，于胜尧，张建新，等. 2018. 北阿尔金地区早古生代洋壳俯冲时限：来自斜长花岗岩和花岗闪长岩的证据. 中国地质，45（2）：334～350.

戚学祥，李海兵，吴才来，等. 2005. 北阿尔金恰什坎萨依花岗闪长岩的锆石 SHRIMP U-Pb 定年及其地质意义. 科学通报，50（6）：571～576.

戚志鹏，李貅，钱建兵，等. 2012. 电法联合解释在覆盖区矿产勘查中的应用. 地球科学（中国地质大学学报），37（6）：1199～1208.

阮天健，朱有光. 1985. 地球化学找矿. 北京：地质出版社.

沈焕峰，钟燕飞，王毅，等. 2009. ENVI 遥感影像处理方法. 北京：地质出版社.

史长义，王惠艳，冯斌. 等. 2014. 中国铜的区域成矿地球化学分布模式与找矿预测. 地学前缘，21（4）：210～220.

宋国耀，张晓华，肖克炎，等. 1999. 矿产资源潜力评价的理论和GIS技术. 物探化探计算技术，21（3）：199～205.

宋相龙，李楠，肖克炎，等. 2018. 矿产资源潜力评价成果数据信息管理系统设计与实现. 地学前缘，25（3）：196-203.

宋星童. 2017. 阿尔金山新生代隆升历史：来自塔东南若羌凹陷的证据. 杭州：浙江大学.

孙卫东，陈建明，王润生，等. 2010. 阿尔金地区高光谱遥感矿物填图方法及应用研究. 新疆地质，28（2）：214～217.

孙岳，陈正乐，陈柏林，等. 2014. 阿尔金北缘EW向山脉新生代隆升剥露的裂变径迹证据. 地球学报，35（1）：67～75.

覃小锋. 2009. 阿尔金构造带西段元古宙—早古生代的构造格局及其形成演化. 广州：中国科学院广州地球化学研究所.

唐永成，何义权，王永敏，等. 2000. GIS应用于安徽东部地区金矿资源评价研究. 北京：地质出版社.

滕殿波，刘招君，单玄龙. 1996. 磷灰石裂变径迹分析（AFTA）——一种研究含油气盆地古热构造史的新方法. 世界地质，15（1）：28～34.

田淑芳，詹骞. 2013. 遥感地质学. 2版. 北京：地质出版社.

万景林，王瑜，李齐，等. 2001. 阿尔金山北段晚新生代山体抬升的裂变径迹证据. 矿物岩石地球化学通报，20（4）：222～224.

王建平，翟裕生，刘家军，等. 2008. 矿床变化与保存研究的裂变径迹新途径. 地球科学进展，23（4）：421～427.

王楠，吴才来，马昌前. 2017. 阿尔金断裂带东段古生代花岗岩浆作用及其大陆动力学意义. 地球学报，38（S1）：33～37.

王瑞廷，毛景文，任小华，等. 2005. 区域地球化学异常评价的现状及其存在的问题. 中国地质，32（1）：168～175.

王润生，丁谦，张幼莹，等. 1999. 遥感色调异常分析的协同优化策略. 地球科学（中国地质大学学报），24（5）：498～502.

王世称，陈永良，夏立显. 2000. 综合信息矿产预测理论与方法. 北京：科学出版社.

王世称，王於天. 1989. 综合信息解译原理与矿产预测图编制方法. 北京：地质出版社.

王世称，杨毅恒，严光生，等. 2001. 大型、超大型金矿床密集区综合信息预测. 北京：地质出版社.

王涛，刘少峰，杨金中，等. 2007. 改进的光谱角制图沿照度方向分类法及其应用. 遥感学报，11（1）：77～84.

王小凤，陈宣华，陈正乐，等. 2004. 阿尔金地区成矿地质条件与远景预测. 北京：地质出版社.

王学求. 2003. 矿产勘查地球化学：过去的成就与未来的挑战. 地学前缘，10（1）：239～248.

王训练，周洪瑞，王振涛，等. 2018. 阿尔金断裂东段红柳峡早白垩世晚期岩浆事件及其区域构造意义. 现代地质，32（1）：1～15.

王亚东，郑建京，孙国强，等. 2015. 柴西北地区碎屑锆石裂变径迹年龄记录的阿尔金山早新生代隆升事件. 吉林大学学报（地球科学版），45（5）：1447～1459.

王瑜，万景林，李齐，等. 2002. 阿尔金山北段阿克塞—当金山口一带新生代山体抬升和剥蚀的裂变径迹证据. 地质学报，76（2）：191～198.

吴才来，杨经绥，姚尚志，等. 2005. 北阿尔金巴什考供盆地南缘花岗杂岩体特征及锆石 SHRIMP 定年. 岩石学报，21（3）：846～858.

吴才来，姚尚志，曾令森，等. 2007. 北阿尔金巴什考供-斯米尔布拉克花岗杂岩特征及锆石 SHRIMP U-Pb 定年. 中国科学（D 辑：地球科学），37（1）：10～26.

吴承烈，徐外生，刘崇民. 1998. 中国主要类型铜矿勘查地球化学模型. 北京：地质出版社.

吴淦国. 1998. 矿田构造与成矿预测. 地质力学学报，4（2）：1～4.

吴玉，陈正乐，陈柏林，等. 2016. 阿尔金北缘脆-韧性剪切带内变形闪长岩的年代学、地球化学特征及其对北阿尔金早古生代构造演化的指示. 岩石学报，32（2）：555～570.

向中林，顾雪祥，董树义，等. 2009. 基于 GIS 的综合信息成矿预测在危机矿山找矿中的应用——以沂南金矿区为例. 地学前缘，16（4）：326～334.

肖克炎，程松林，娄德波，等. 2010. 区域矿产定量评价的矿床综合信息评价模型. 地质通报，29（10）：1430～1444.

肖克炎，李楠，王琨，等. 2015. 大数据思维下的矿产资源评价. 地质通报，34（7）：1266～1272.

肖克炎，张晓华，宋国耀，等. 1999. 应用 GIS 技术研制矿产资源评价系统. 地球科学（中国地质大学学报），24（5）：525～528.

肖克炎，张晓华，王四龙，等. 2000. 矿产资源 GIS 评价系统. 北京：地质出版社.

新疆维吾尔自治区地质矿产局. 1981. 1∶20 万索尔库里幅和巴什考供幅区域地质调查报告. 北京：中国地质科学院地质力学研究所.

新疆维吾尔自治区地质矿产局. 1993. 新疆维吾尔自治区区域地质志. 北京：地质出版社.

修群业，于海峰，刘永顺，等. 2007. 阿尔金北缘枕状玄武岩的地质特征及其锆石 U-Pb 年龄. 地质学报，81（6）：787～794.

徐芹芹，季建清，赵文韬，等. 2015，阿尔金—祁连山晚新生代隆升—剥露过程——来自岩屑磷灰石裂变径迹热年代学的制约. 地质科学，50（4）：1044～1067.

许志琴，杨经绥，张建新，等. 1999. 阿尔金断裂两侧构造单元的对比及岩石圈剪切机制. 地质学报，73（3）：193～205.

薛重生. 1997. 遥感技术在区域地质调查中的应用研究进展. 地质科技情报，16（增刊）：15～22.

薛重生，张志，董玉森，等. 2011. 地学遥感概论. 北京：地质出版社.

杨斌，王慧，阚靖，等. 2014. 胶西北河东金矿多元异常信息找矿预测. 地学前缘，21（5）：221～226.

杨风，陈柏林，陈宣华，等. 2001. 阿尔金北缘大平沟金矿床成因初探. 地质与资源，10（3）：

133～138.

杨经绥，史仁灯，吴才来，等. 2008. 北阿尔金地区米兰红柳沟蛇绿岩的岩石学特征和 SHRIMP 定年. 岩石学报，24（7）：1567～1584.

杨晓坤，2010. 广西南丹大厂锡矿长坡-高峰矿床（山）数字化与综合信息成矿预测. 昆明：昆明理工大学.

杨屹，陈宣华，Gehrels G，等. 2004. 阿尔金山早古生代岩浆活动与金成矿作用. 矿床地质，23（4）：464～472.

杨子江. 2012. 新疆阿尔金红柳沟一带早古生代地质构造演化研究. 北京：中国地质科学院.

叶天竺，肖克炎，严光生. 2007. 矿床模型综合地质信息预测技术研究. 地学前缘，14（5）：11～19.

袁桂琴，熊盛青，孟庆敏，等. 2011. 地球物理勘查技术与应用研究. 地质学报，85（11）：1744～1805.

袁万明. 2016. 矿床保存变化研究的热年代学技术方法. 岩石学报，32（8）：2571～2578.

翟裕生，邓军，彭润民. 2000. 矿床变化与保存的研究内容和研究方法. 地球科学，25（4）：340～345.

翟裕生，林新多. 1993. 矿田构造学. 北京：地质出版社.

章永梅，顾雪祥，程文斌，等. 2010. 内蒙古柳坝沟金矿床原生晕地球化学特征及深部成矿远景评价. 地学前缘，17（2）：209-221.

张峰. 2014. 东准噶尔卡拉麦里地区金铜多金属矿成矿规律与成矿预测. 北京：中国地质大学.

张峰，王科强，喻万强，等. 2008. 阿尔金北缘喀腊大湾地区火山岩岩石地球化学特征及环境时代分析. 矿床地质，27（增刊）：105～114.

张辉善，李艳广，全守村，等. 2018. 阿尔金喀腊达坂铅锌矿床金属硫化物元素地球化学特征及其对成矿作用的制约. 岩石学报，34（8）：2295～2311.

张建新，孟繁聪，于胜尧，等. 2007. 北阿尔金 HP/LT 蓝片岩和榴辉岩的 Ar-Ar 年代学及其区域构造意义. 中国地质，34（4）：558～564.

张建新，许志琴，崔军文. 1998. 一个韧性转换挤压带的变形分解作用——以阿尔金断裂带东段为例. 地质论评，44（4）：348～356.

张建新，许志琴，杨经绥，等. 2001. 阿尔金西段榴辉岩岩石学、地球化学和同位素年代学研究及其构造意义. 地质学报，75（2）：186～197.

张微，杨金中，方洪宾，等. 2010. 东昆仑-阿尔金地区遥感地质解译与成矿预测. 西北地质，43（4）：288～294.

张晓华，朱裕生，肖克炎. 2000. 全国内生金矿资源 GIS 定量预测. 地质论评，46（增刊）：111～114.

张远泽，王国灿，王岸，等. 2013. 循化-化隆盆地晚白垩世以来盆山耦合过程：来自物源与磷灰石裂变径迹年代学分析的证据. 地球科学，38（4）：725～744.

张志诚，龚建业，王晓丰，等. 2008. 阿尔金断裂带东端 $^{40}Ar/^{39}Ar$ 和裂变径迹定年及其地质意义. 岩石学报，24（5）：1041～1053.

赵孟为. 1992. 磷灰石裂变径迹法在盆地地热史研究中的应用——对康铁笙等人裂变径迹资料的重新解释. 石油学报，13（4）：1～9.

赵鹏大. 2002. “三联式”资源定量预测与评价——数字找矿理论与实践探讨. 地球科学（中国地质大学学报），27（5）：482～489.

赵鹏大，陈建平，张寿庭. 2003. “三联式”成矿预测新进展. 地学前缘，10（2）：455～463.

赵鹏大，陈永清，刘吉平，等. 1999. 地质异常成矿预测理论与实践. 武汉：中国地质大学出版社.

赵鹏大，池顺都. 1991. 初论地质异常. 地球科学，16（3）：241～248.

赵鹏大，胡旺亮，李紫金. 1994. 矿床统计预测. 2 版. 北京：地质出版社.

郑健康，1995. 阿尔金造山带东段地质构造演化概论. 青海地质，4（2）：1～10.

郑荣章，徐锡伟，王峰，等. 2004. 阿尔金北缘断裂雁丹图、长草沟河流阶地与构造抬升. 地震地质，26（2）：189～199.

周永贵. 2013. 阿尔金山北缘喀腊大湾地区遥感异常信息提取及找矿靶区预测. 北京：中国地质科学院.

周永恒. 2011. 辽东地区硼矿矿产资源评价. 长春：吉林大学.

周勇，潘裕生，1999. 阿尔金断裂早期走滑运动方向及其活动时间探讨. 地质论评，45（1）：1～9.

周祖翼，廖宗廷，杨凤丽，等. 2001. 裂变径迹分析及其在沉积盆地研究中的应用. 石油实验地质，23（3）：332～337.

朱亮璞. 1994. 遥感地质学. 北京：地质出版社.

朱文斌，张志勇，舒良树，等. 2007. 塔里木北缘前寒武基底隆升剥露史：来自磷灰石裂变径迹的证据. 岩石学报，23（7）：1671～1682.

邹光华，欧阳宗圻，李惠，等. 1996. 中国主要类型金矿床找矿模型. 北京：地质出版社.

左群超，叶亚琴，文辉，等. 2013. 中国矿产资源潜力评价集成数据库模型. 中国地质，40（6）：1968-1981.

Agterberg F P. 1971. A probability index for detecting favourable geological environments. Canadian Institute of Mining and Metallurgy，10：82～91.

Agterberg F P. 1989. Systematic approach to dealing with uncertainty of geoscience information in mineral exploration. APCOM Symposium，165～178.

Agterberg F P，Bonham-Carter G F，Cheng Q M，et al. 1993. Weights of evidence modeling and weighted logistic regression for mineral potential mapping//Davis J C，Herzfeld U C. Computers in Geology，25 Years of Progress. Oxford：Oxford University Press.

Agterberg F P，Bonham-Carter G F，Wright D F. 1990. Statistical pattern integration for mineral exploration//Gall G，Merriam D F. Computer Application for Mineral Exploration in Resource Exploration. Oxford：Pergamon Press.

Armstrong P A. 2005. Thermochronometers in sedimentary basins. Reviews in Mineralogy and Geochemistry，58（1）：499-525.

Bonham-Carter G F. 1994. Geographic information systems for geoscientists：Modelling with GIS. Oxford：Pergamon Press，13.

Bonham-Carter G F，Agterberg F P. 1990. Application of a microcomputer-based geographic information system to mineral—potential mapping//Hanley T，Merriam D F. Microcomputer Applications in Geology（vol. 2）. Oxford：Pergamon Press.

Brown W M，Gedeon T D，Groves D I，et al. 2000. Artificial neural networks：a new method for mineral prospectivity mapping. Australian Journal of Earth Sciences，47（4）：757～770.

Campbell A N，Hollister V F，Duda R O，et al. 1982. Recognition of a hidden mineral deposit by an artificial intelligence program. Science，217（4563）：927～929.

Carlson C A. 1991. Spatial distribution of ore deposits. Geology，19（2）：111～114.

Carranza E J M. 2008. Geochemical anomaly and mineral prospectivity mapping in GIS（vol. 11）. Elsevier Science & Technology：351.

Carranza E J M. 2009. Objective selection of suitable unit cell size in data-driven modeling of mineral prospectivity. Computers and Geosciences，35（10）：2032～2046.

Carranza E J M，Sadeghi M. 2010. Predictive mapping of prospectivity and quantitative estimation of undiscovered VMS deposits in Skellefte district（Sweden）. Ore Geology Reviews，38（3）：219～241.

Chen X H，Yin A，Gehrels G E，et al. 2003. Two phases of Mesozoic north-south extension in the eastern Altyn Tagh range，northern Tibetan Plateau. Tectonics，22（5），1053，doi：10.1029/2001TC001336.

Chen Y，Gilder S，Halim N，et al. 2002. New paleomagnetic constraints on central Asian kinematics：Displacement along the Altyn Tagh fault and rotationof the Qaidam Basin. Tectonics，21（5）：1042～1060.

Chen Z L，Zhang Y Q，Chen X H，et al. 2001. Late Cenozoic sedimentary process and its response to the slip history of the central Altyn Tagh fault，NW China. Science in China（D）：Earth Sciences，44（Supp）：103～111.

Cheng F，Jolivet M，Fu S T，et al. 2016. Large-scale displacement along the Altyn Tagh Fault（North Tibet）since its Eocene initiation：Insight from detrital zircon U-Pb geochronology and subsurface data. Tectonophysics，677：261～279.

Cheng Q M. 2000. GeoData Analysis System（GeoDAS）for Mineral Exploration：User's Guide and Exercise Manual. Toronto：Material for the Training Workshop on GeoDAS held at York

University.

Cheng Q M. 2008. Non-linear theory and power-law models for information integration and mineral resources quantitative assessments. Mathematical Geosciences，40：503～532.

Cowgill E，Yin A，Harrison T M，et al. 2003. Reconstruction of the Altyn Tagh fault based on U-Pb geochronology：Role of back thrusts，mantle sutures，and heterogeneous crustal strength in forming the Tibetan Plateau. Journal of Geophysical Research Solid，108（B7）：23～46.

Cowgill E，Yin A，Wang X F. 2000. Is the North Altyn fault part of a strike-slip duplex along the Altyn Tagh fault system?. Geology，28（3）：255～258.

Crouvi O，Ben-Dor E，Beyth M，et al. 2006. Quantitative mapping of arid alluvial fan surfaces using field spectrometer and hyperspectral remote sensing. Remote Sensing of Environment. 104（1）：103～117.

Cui J W，Li L，Yang J S，et al. 2001. The Altyn Fault：its geometry，nature and mode of growth. ACTA Geologica Sinica，75（2）：133～143.

Dai S，Dai W，Zhao Z B，et al. 2017. Timing，displacement and growth pattern of the Altyn Tagh fault：A review. Acta Geologica Sinica-English Edition，91（2）：669～687.

Donelick R A，O'Sullivan P B，Ketcham R A. 2005. Apatite fission-track analysis. Reviews in Mineralogy and Geochemistry，58（1）：49～94.

Fleischer R L，Price P B，Symes E M，et al. 1964. Fission track ages and track annealing behavior of some micas. Science，143（3604）：349～351.

Gallagher K. 1995. Evolving temperature histories from apatite fission-track data. Earth and Planetary Science Letters，136（3）：421～435.

Gehrels G E，Yin A，Wang X F. 2003. Detrital-zircon geochronology of the northeastern Ttibetan Plateau. GSA Bulletin，115（7）：881～896.

Gleadow A J W. 1986. Confined fission track lengths in apatite：A diagnostic tool for thermal history analysis. Contributions to Mineralogy and Petrology，94（4）：405～415.

Gleadow A J W，Belton D X，Kohn B P，et al. 2002. Fission track dating of phosphate minerals and the thermochronology of apatite. Reviews in Mineralogy and Geochemistry，48（1）：579～630.

Gleadow A J W，Duddy I R. 1981. A natural long-term track annealing experiment for apatite. Nuclear Tracks，5（1/2）：169～174.

Goetz A F H，Rock B N，Rowan L C. 1983. Remote sensing for exploration；an overview. Economic Geology，78（4）：573～590.

Gold R D，Cowgill E，Arrowsmith J R，et al. 2011. Faulted terrace risers place new constraints on the late Quaternary slip rate for the central Altyn Tagh fault，northwest Tibet. Geological Society of America Bulletin，123（5/6）：958～978.

Green P F. 1981. A new look at statistics in fission-track dating. Nuclear Tracks，5（1/2）：77～86.

Green P F. 1985. Comparison of zeta calibration baselines for fission-track dating of apatite，zircon and sphene. Chemical Geology：Isotope Geoscience Section，58（1/2）：1-22.

Groves D I，Goldfarb R J，Gebre-Mariam M，et al. 1998. Orogenic gold deposits：a proposed classification in the context of their crustal distribution and relationship to other gold deposit types. Ore Geology Reviews，13（1）：7-27.

Gupta R P. 2017. Remote Sensing Geology. 3rd ed. Springer.

Harris D P. 1965. An Application of multivariate statistical analysis to mineral exploration. Pennsylvania：Pennsylvania State University.

Harris J R，Wilkinson L，Heather K，et al. 2001. Application of GIS processing techniques for producing mineral prospectivity maps—a case study：Mesothermal Au in the Swayze Greenstone Belt，Ontario，Canada. Natural Resources Research，10（2）：91～124.

Hasebe N，Barbarand J，Jarvis K，et al. 2004. Apatite fission-track chronometry using laser ablation ICP-MS. Chemical Geology，207（3/4）：135～145.

He B B，Chen C H，Liu Y. 2010. Gold resources potential assessment in eastern Kunlun Mountains of China combining weights-of-evidence model with GIS spatial analysis technique. Chinese Geographical Science，20（5）：461～470.

Hurford A J，Green P F. 1983. The zeta age calibration of fission-track dating. Chemical Geology，41：285～317.

Jing G R，Wang S C，Kang T S. 1993. Thermal history significance of apatite fission track length distributions and ages. Nuclear Tracks and Radiation Measurements，22（1/4）：783～784.

Jolivet M，Brunel M，Seward D，et al. 2001. Mesozoic and Cenozoic tectonics of the northern edge of the Tibetan Plateau：Fission-track constraints. Tectonophysics. 343（1/2）：111～134.

Jolivet M，Roger F，Arnaud N，et al. 1999. Exhumation history of the Altun Shan with evidence for the timing of the subduction of the Tarim block beneath the Altyn Tagh system，North Tibet. Comptes Rendus de l'Académie des Sciences. Serie 2：Earth and Planetary Science，329（10）：749～755.

Jonckheere R，Ratschbacher L，Wagner G A. 2003. A repositioning technique for counting induced fission tracks in muscovite external detectors in single-grain dating of minerals with low and inhomogeneous uranium concentrations. Radiation Measurements，37（3）：217～219.

Ketcham R A，Donelick R A，Carlson W D. 1999. Variability of apatite fission track annealing Kinetics Ⅲ：Extrapolation to geological time scales. American Mineralogist，84：1235～1255.

Khan S D，Mahmood K. 2008. The application of remote sensing techniques to the study of ophiolites（Review）. Earth-Sciences Reviews，89（3/4）：135～143.

Kruse F A，Lefkoff A B，Boardman J B，et al. 1993. The spectral image processing system（SIPS）- interactive visualization and analysis of imaging spectrumeter data. Remote Sensing of Environment.

44：145～163.

Li M，Tang L J，Yuan W M. 2015. Middle Miocene-Pliocene activities of the North Altyn fault system：evidence from apatite fission track data. Arabian Journal of Geosciences，8（11）：9043～9054.

Lin X，Zheng D，Sun J，et al. 2015. Detrital apatite fission track evidence for provenance change in the Subei Basin and implications for the tectonic uplift of the Danghe Nan Shan（NW China）since the mid-Miocene. Journal of Asian Earth Sciences，111：302～311.

Lisker F，Ventura B，Glasmacher U A. 2009. Apatite thermochronology in modern geology. Geological Society，London，Special Publications，324（1）：1～23.

Liu D L，Li H B，Sun Z M，et al. 2017. AFT dating constrains the Cenozoic uplift of the Qimen Tagh Mountains，Northeast Tibetan Plateau，comparison with LA-ICPMS Zircon U-Pb ages. Gondwana Research，41：438～450.

Liu Y J，Genser J，Ge X H，et al. 2003. $^{40}Ar/^{39}Ar$ age evidence for Altyn fault tectonic activities in western China.Chinese Science Bulletin，48（18）：2024～2030.

Liu Y J，Neubauer F，Genser J，et al. 2007. Geochronology of the initiation and displacement of the Altyn strike-slip fault，western China. Journal of Asian Earth Sciences，29（2/3）：243～252.

Malusà M G，Fitzgerald P G. 2019. Fission-track Thermochronology and Its Application to Geology. Berlin：Springer International Publishing.

Meng Q R，Hu J M，Yang F Z. 2001. Timing and magnitude of displacement on the Altyn Tagh fault：constraints from stratigraphic correlation of adjoining Tarim and Qaidam basins，NW China. Terra Nova，13（2）：86～91.

Meriaux A S，Ryerson F J，Tapponnier P. et al. 2004. Rapid slip along the central Altyn Tagh Fault：Morphochronologic evidence from Cherchen He and Sulamu Tagh. Journal of Geophysical Reseatch，109（B6），B06401，doi：10.1029/2003JB002558.

Molnar P，Burchfiel B C，Zhao Z，et al. 1987. Geomorphic evidence for active faulting in the Altyn Tagh and northern Tibet and qualitative estimates of its contribution to the convergence of India and Eurasia. Geology，15（3）：249～253.

Partingtion G. 2010. Developing models using GIS to assess geological and economic risk：An example from VMS copper gold mineral exploration in Oman. Ore Geology Reviews，38（3）：197～207.

Porwal A，Carranza E J M. 2015. Introduction to the Special Issue：GIS-based mineral potential modelling and geological data analyses for mineral exploration. Ore Geology Reviews，71：477～483.

Porwal A，Carranza E J M，Hale M. 2003. Knowledge-driven and data-driven fuzzy models for predictive mineral potential mapping. Natural Resources Research，12（1）：1～25.

Porwal A K，Kreuzer O P. 2010. Introduction to the special issue：mineral prospectivity analysis and quantitative resource estimation. Ore Geology Reviews，38（3）：121～127.

Price P B，Walker R M. 1963. Fossil tracks of charged particles in mica and the age of minerals. Journal of Geophysical Research，68（16）：4847～4862.

Reddy R K T，Agterberg F P，Bonham-Carter G F. 1991. Application of GIS-based logistic models to base-metal potential mapping in Snow Lake area. Ottawa：Proceedings of the Canadian Conference on GIS，18722：607～618.

Ritts B D，Biffi U. 2000. Magnitude of post-Middle Jurassic（Bajocian）displacement on the central Altyn Tagh fault system，northwest China. Geological Society of America Bulletin，112（1）：61～74.

Ritts B D，Yue Y J，Graham S A. 2004. Oligocene-Miocene Tectonics and Sedimentation along the Altyn Tagh Fault，Northern Tibetan Plateau：Analysis of the Xorkol，Subei，and Aksay Basins. Journal of Geology，112（2）：207～229.

Rumelhart P E，Yin A，Cowgill E，et al. 1999. Cenozoic vertical-axis rotation of the Altyn Tagh fault system. Geology，27（9）：819～822.

Sabins F F. 1999. Remote sensing for mineral exploration. Ore Geology Reviews，14（3/4）：157～183.

Shi W，Wang F，Yang L，et al. 2018. Diachronous Growth of the Altyn Tagh Mountains：Constraints on Propagation of the Northern Tibetan Margin From（U-Th）/He Dating. Journal of Geophysical Research—Solid Earth，123（7）：6000～6018.

Sinclair A J，Woodsworth G J. 1970. Multiple regression as a method of estimating exploration potential in an area near Terrace，BC. Economic Geology，65（8）：998～1003.

Singer D A. 1993. Basic concepts in three part quantitative assessments of undiscovered mineral resources. Natural Resources Research，2（2）：69～81.

Singer D A. 2008. Mineral deposit densities for estimating mineral resources. Mathematical Geosciences，40（1）：33～46.

Singer D A，Mosier D L. 1981. A review of regional mineral resource assessment methods. Economic Geology，76（5）：1006～1015.

Sobel E R，Arnaud N. 1999. A possible middle Paleozoic suture in the Altun Tagh，NW China. Tectonics，18（1）：64～74.

Sobel E R，Dumitru T A. 1997. Thrusting and exhumation around the margins of the western Tarim basin during the India-Asia collision. Journal of Geophysical Research，102（B3）：5043～5063.

Sun J M，Zhu R X，An Z S. 2005. Tectonic uplift in the northern Tibetan Plateau since 13.7 Ma ago inferred from molasse deposits along the Altyn Tagh Fault. Earth and Planetary Science Letters，235（3/4）：641～653.

Sun T，Chen F，Zhong L，et al. 2019. GIS-based mineral prospectivity mapping using machine learning methods：a case study from Tongling ore district，eastern China. Ore Geology Reviews，109，26～49.

Tagami T，O'Sullivan P B. 2005. Fundamentals of fission-track thermochronology. Reviews in Mineralogy and Geochemistry，58（1）：19～47.

Tagami T. 2005. Zircon fission-track thermochronology and applications to fault studies. Reviews in Mineralogy and Geochemistry，58（1）：95～122.

Tissot B P，Pelet R，Ungerer P. 1987. Thermal history of sedimentary basins，maturation indices，and kinetics of oil and gas generation. AAPG Bulletin，71（12）：1445～1466.

van der Meer F，Hecker C，van Ruitenbeek F，et al. 2014. Geologic remote sensing for geothermal exploration：A review. International Journal of Applied Earth Observation and Geoinformation，33：255～269.

Vermeesch P. 2017. Statistics for LA-ICP-MS based fission track dating. Chemical Geology，456：19～27.

Wagner G A，Reimer G M. 1972. Fission track tectonics：the tectonic interpretation of fission track apatite ages. Earth and Planetary Science Letters，14（2）：263～268.

Wang C，Liu L，Yang W Q，et al. 2013. Provenance and ages of the Altyn Complex in Altyn Tagh：Implications for the early Neoproterozoic evolution of northwestern China. Precambrian Research，230：193～208.

Wang C M，Zhang L，Chen H，et al. 2018a. Geochronology，geochemistry and tectonic significance of the ore-associated granites at the Kaladawan Fe-Mo ore field（Altyn），NW China. Ore Geology Reviews，100：457～470.

Wang C M，Zhang L，Tang H S，et al. 2017. Genesis of the Kaladawan Fe-Mo ore field in Altyn，Xinjiang，China：constraints from mineralogy and geochemistry. Ore Geology Reviews，81（2）：587～601.

Wang C M，Zheng Y，Yu P P. 2018b. Ore genesis and fluid evolution of the Kaladawan South Zn-Pb-Cu ore field，eastern Altyn Mountains（NW China）：Evidence from fluid inclusions，H-O isotopes and geochronology. Ore Geology Reviews，102：300～312.

Wang E. 1997. Displacement and timing along the northern strand of the Altyn Tagh fault zone，Northern Tibet. Earth and Planetary Science Letters，150（1）：55～64.

Wang E，Wan J L，Liu J Q. 2003. Late Cenozoic geological evolution of the foreland basin bordering the West Kunlun range in Pulu area：Constraints on timing of uplift of northern margin of the Tibetan Plateau. Journal of Geophysical Research，108（B8）：2401.

Wang E C，Xu F Y，Zhou J X，et al. 2006. Eastward migration of the Qaidam basin and its implications for Cenozoic evolution of the Altyn Tagh fault and associated river systems.

Geological Society of America Bulletin，118（3/4）：349～365.

Wang G W，Zhang S T，Yan C H，et al. 2011b. Mineral potential targeting and resource assessment based on 3D geological modeling in Luanchuan region，China. Computers & Geosciences，37（12）：1976～1988.

Wang W L，Zhao J，Cheng Q M，et al. 2014. GIS-based mineral potential modeling by advanced spatial analytical methods in the southeastern Yunnan mineral district，China. Ore Geology Reviews，71：735～748.

Wang W L，Zhao J，Cheng Q M. 2011a. Analysis and integration of geo-information to identify granitic intrusions as exploration targets in southeastern Yunnan District，China. Computers & Geosciences，37（12）：1946～1957.

Wang Y，Zheng J，Zheng Y，et al. 2015. Paleocene-Early Eocene uplift of the Altyn Tagh Mountain：Evidence from detrital zircon fission track analysis and seismic sections in the northwestern Qaidam basin. Journal of Geophysical Research：Solid Earth，120（12）：8534～8550.

Washburn Z，Arrowsmith J R，Forman S L. et al. 2001. Late Holocene earthquake history of the central Altyn Tagh fault，China. Geology，29（11）：1051～1054.

Wu L，Xiao A C，Wang L Q，et al. 2012a. EW-trending uplifts along the southern side of the central segment of the Altyn Tagh Fault，NW China：Insight into the rising mechanism of the Altyn Mountain during the Cenozoic. Science China：Earth Sciences，55（6）：926～939.

Wu L，Xiao A C，Yang S F，et al. 2012b. Two-stage evolution of the Altyn Tagh Fault during the Cenozoic：new insight from provenance analysis of a geological section in NW Qaidam Basin，NW China. Terra Nova，24（5）：387～395.

Xiao K Y，Li N，Porwal A，et al. 2015. GIS-based 3D prospectivity mapping：a case study of Jiama copper-polymetallic deposit in Tibet，China. Ore Geology Reviews，71：611～632.

Xiong Y H，Zuo R G. 2018. GIS-based rare events logistic regression for mineral prospectivity mapping. Computers & Geosciences，111：18～25.

Yalcin M N，Littke R，Sachsenhofer R F. 1997. Thermal history of sedimentary basins. Petroleum and basin evolution：Insights from petroleum geochemistry. Geology and Basin Modeling，71～167.

Yang Z Y. 1997. Extrusion of the Altyn Tagh wedge：A kinematic model for the Altyn Tagh fault and palinspastic reconstruction of northern China：comment and reply. Geology，25（5）：475～477.

Yin A，Gehrels G，Chen X，et al. 1999. Evidence for 280 km of Cenozoic left slip motion along the eastern segment of the Altyn Tagh Fault System，western China. Eos Transactions American Geophysical Union，80（17）：1018.

Yin A，Rumelhart P E，Butler R，et al. 2002. Tectonic history of the Altyn Tagh fault system in northern Tibet inferred from Cenozoic sedimentation. Geological Society of America Bulletin，114（10）：1257～1295.

Yousefi M，Carranza E J M. 2015. Geometric average of spatial evidence data layers：a GIS-based multi-criteria decision-making approach to mineral prospectivity mapping. Computers & Geosciences，83：72～79.

Yousefi M，Nykanen V. 2016. Data-driven logistic-based weighting of geochemical and geological evidence layers in mineral prospectivity mapping. Journal of Geochemical Exploration，164：94～106.

Yuan W M，Dong J Q，Wang S C，et al. 2006. Apatite fission track evidence for Neogene uplift in the eastern Kunlun Mountains，northern Qinghai-Tibet Plateau，China. Journal of Asian Earth Sciences，27（6）：847～856.

Yue Y J，Liou J G. 1999. Two-stage evolution model for the Altyn Tagh fault，China. Geology，27（3）：227～230.

Yue Y J，Ritts B D，Graham S A，et al. 2004. Slowing extrusion tectonics：lowered estimate of post-Early Miocene slip rate for the Altyn Tagh fault（Article）. Earth and Planetary Science Letters，217（1/2）：111～122.

Yue Y J，Ritts B D，Graham S A. 2001. Initiation and long-term slip history of the Altyn Tagh fault. International Geological Review，43（12）：1087～1093.

Zhang J X，Zhang Z M，Xu Z Q，et al. 2001. Petrology and geochronology of eclogites from the western segment of the Altyn Tagh，northwestern China. Lithosphere，56（2/3）：187～206.

Zhang S H，Xiao K Y，Zhu Y S，et al. 2017a. A prediction model for important mineral resources in China. Ore Geology Reviews，91：1094～1101.

Zhang T，Fang X M，Wang Y D，et al. 2018. Late Cenozoic tectonic activity of the Altyn Tagh range：Constraints from sedimentary records from the Western Qaidam Basin，NE Tibetan Plateau. Tectonophysics，737：40～56.

Zhang T，Han W X，Fang X M，et al. 2016. Intensified tectonic deformation and uplift of the Altyn Tagh range recorded by rock magnetism and growth strata studies of the western Qaidam Basin，NE Tibetan Plateau. Global and Planetary Change，137：54～68.

Zhang Z，Nie J，Fang X. 2017b. Provenance analysis reveals mountain uplift in the midsection of the Altyn Tagh Fault during the Middle Miocene Article. Canadian Journal of Earth Sciences，54（3）：278～289.

Zhao H F，Wei Y Y，Shen Y，et al. 2016. Cenozoic tilting history of the south slope of the Altyn Tagh as revealed by seismic profiling：Implications for the kinematics of the Altyn Tagh fault bounding the northern margin of the Tibetan Plateau. Geosphere，12（3）：884～899.

Zhou D，Graham S A. 1996. Extrusion of the Altyn Tagh wedge：A kinematic model for the Altyn Tagh fault and palinspastic reconstruction of northern China. Geology，24（5）：427～430.

Zhou Y，Pan Y S. 1999. Kinematics of the Altun strike-slip fault. Scientia Geological Sinica，8（1）：77～90.

附录　矿床原生晕数据表

（1）贝克滩南金矿原生晕分析元素表

样品编号	Au	Ag	As	Bi	Cu	Hg	Mo	Pb	Sb	Sn	Zn
AB-01	0.38	65	5.7	0.02	2.2	7.9	1.6	0.8	0.5	0.8	5
AB-02	0.36	48	0.4	0.02	7.8	5.4	0.4	1.5	0.9	0.8	60
AB-03	3.50	92	0.4	0.01	2.7	2.3	1.1	1.1	5.1	0.5	12
AB-04	0.73	71	1.0	0.02	48.8	7.4	0.5	0.9	0.5	0.8	83
AB-05-1	1.42	183	14.3	0.38	26.1	8.9	1.2	25.2	2.9	3.0	91
AB-05-2	0.45	47	15.3	0.27	21.6	6.9	4.3	30.5	1.8	1.2	12
AB-06	2.30	101	3.8	0.20	15.0	3.3	1.2	32.5	1.2	2.6	51
AB-07-1	1.57	94	3.4	0.38	26.0	2.3	0.9	20.4	1.4	3.3	83
AB-07-2	0.38	14	0.6	0.03	2.8	2.3	3.9	1.4	0.1	1.3	14
AB-08	0.72	175	10.8	0.21	17.4	7.4	1.8	20.2	2.6	2.6	65
AB-09	0.32	37	1.2	0.06	5.6	2.3	4.9	6.2	0.3	1.6	6
AB-10-1	0.21	46	2.5	0.09	13.8	2.3	1.9	4.2	0.4	2.6	40
AB-10-2	0.23	47	2.2	0.03	6.2	1.8	3.6	2.1	0.1	1.6	6
AB-11	0.21	47	1.8	0.08	3.4	2.8	4.5	6.2	0.1	1.8	11
AB-12-1	0.50	60	9.2	0.10	23.9	2.3	1.9	8.1	0.4	2.7	56
AB-12-2	0.23	42	0.6	0.05	3.2	3.8	5.0	5.2	0.2	2.0	3
AB-13	0.16	56	52.5	0.09	7.3	0.8	0.2	1.9	15.5	1.5	22
AB-14	0.87	69	28.4	0.05	7.8	4.4	0.2	1.1	8.3	0.7	24
AB-15	0.24	83	63.9	0.04	2.0	1.8	0.1	1.5	23.6	0.7	26
AB-16	6.01	100	5.9	0.02	2.8	0.8	0.0	2.0	0.5	0.8	101
AB-17	1.27	66	3.7	0.03	2.1	3.3	0.2	0.5	4.3	0.9	30
AB-18	3.62	76	17.4	0.09	53.1	2.3	0.3	4.9	0.7	1.6	113
AB-19	0.33	101	27.7	0.04	18.6	2.8	0.1	3.1	8.3	1.9	27
AB-20-1	0.10	22	9.0	0.02	30.7	1.8	0.2	3.9	0.1	0.8	180
AB-20-2	0.18	16	1.8	0.01	16.5	5.4	5.5	1.4	0.1	2.0	7
AB-21-1	0.21	21	0.6	0.02	35.8	1.8	0.3	8.4	2.6	0.5	25
AB-21-2	1.56	43	2.2	0.01	29.2	4.9	2.9	2.6	0.3	1.5	4
AB-22	0.23	18	0.6	0.02	26.8	2.8	5.2	1.1	0.4	2.0	13
AB-23-1	0.77	85	1.4	0.17	5.6	2.8	1.1	19.5	1.3	1.4	47
AB-23-2	0.27	54	0.5	0.02	2.9	3.3	2.1	5.9	1.0	1.3	35

续表

样品编号	Au	Ag	As	Bi	Cu	Hg	Mo	Pb	Sb	Sn	Zn
AB-24-1	0.55	77	24.4	0.31	41.0	2.3	0.4	12.7	0.9	2.3	320
AB-24-2	0.24	17	3.6	0.04	19.3	5.4	4.5	36.8	1.3	2.1	16
AB-25-1	1.09	37	2.8	0.83	21.3	2.8	2.3	13.8	0.8	0.8	36
AB-25-2	0.28	30	1.0	0.05	5.9	3.3	4.6	4.4	0.4	1.9	9
AB-26-1	0.39	76	0.4	0.20	3.7	2.3	1.5	14.0	0.8	2.5	24
AB-26-2	0.39	21	0.5	0.11	5.7	5.4	4.5	8.0	0.5	1.9	9
AB-27-1	0.11	58	4.9	0.42	3.7	1.8	1.0	10.5	1.0	3.6	14
AB-27-2	0.10	15	0.7	0.07	3.2	5.4	4.7	6.3	0.8	1.9	7
AB-28-1	0.33	77	1.9	0.24	4.7	2.8	1.4	22.9	0.5	3.5	45
AB-28-2	0.24	50	1.0	0.21	5.0	3.8	1.8	19.8	0.4	3.2	39
AB-29-1	0.20	29	0.7	0.04	50.1	6.4	1.8	4.5	0.3	1.5	61
AB-29-2	0.10	16	0.3	0.02	11.0	5.9	1.7	5.2	0.0	0.9	12
AB-30-1	0.51	213	3.4	0.54	7.0	52.9	2.5	2.2	0.2	2.2	138
AB-30-2	0.31	21	0.5	0.03	4.6	5.9	3.8	3.0	0.3	1.5	16
AB-31-1	0.29	44	0.9	0.05	13.7	4.4	0.6	9.8	0.8	1.3	105
AB-31-2	0.39	55	2.3	0.09	6.4	22.5	0.9	4.8	0.0	1.1	46
AB-32	0.20	67	0.4	0.02	3.2	18.5	1.1	8.6	0.7	1.4	46
AB-33	0.61	69	1.0	0.20	3.9	1.8	0.3	8.9	3.9	4.6	65
AB-34-1	1.62	37	0.4	0.01	132.7	4.4	1.3	2.4	0.8	1.1	100
AB-34-2	2.24	280	0.6	0.02	9.7	2.8	4.8	1.2	0.6	1.6	12
AB-35	24.99	20	0.9	0.03	3.8	3.3	3.3	2.5	0.6	1.5	17
AB-36	0.62	1454	2.4	0.04	69.8	2.8	0.7	3.2	0.5	1.2	84
AB-37-1	0.61	23	1.4	0.04	20.1	2.3	0.3	4.3	1.3	1.1	104
AB-37-2	1.84	38	2.6	0.03	7.1	7.4	3.7	0.9	2.4	1.7	5
AB-38	0.38	26	2.1	0.04	65.3	2.3	0.5	6.2	1.6	1.1	92
AB-39	0.16	43	1.1	0.05	9.9	10.4	0.2	3.5	0.1	0.4	8
AB-40	0.32	69	4.4	0.12	44.8	3.8	0.8	7.1	2.9	1.1	81
AB-41	0.20	57	1.7	0.04	4.5	2.3	2.6	5.9	0.3	2.7	41

注：元素 Au、Ag、Hg 单位为 10^{-9}；其他元素单位为 10^{-6}。

（2）喀腊大湾 7918 铁矿原生晕分析元素表

样品编号	B	Co	Cu	Mn	Mo	Ni	Pb	Sn	Ti	V	Zn	TFe_2O_3
AK01	1.3	2.3	7.0	180	2.3	7.6	8.0	12.8	1203	23	30	1.1
AK02	2.4	2.4	20.1	89	12.2	5.5	41.1	10.3	615	14	29	1.4
AK03	1.5	12.4	7.9	976	1.2	4.6	6.7	2.4	6956	88	151	9.3
AK04	1.6	14.6	6.5	916	0.4	3.6	4.9	1.8	4845	124	141	9.6

续表

样品编号	B	Co	Cu	Mn	Mo	Ni	Pb	Sn	Ti	V	Zn	TFe_2O_3
AK05	1.9	21.8	7.4	3355	1.9	26.3	16.7	25.7	3691	64	197	16.1
AK06	1.3	17.7	3.6	3432	3.4	26.6	8.0	28.9	594	72	66	21.5
AK07	1.0	16.7	19.8	3647	6.9	15.9	11.1	25.5	1321	86	114	19.8
AK08	1.0	14.3	4.9	3427	1.4	13.6	3.6	30.1	611	132	79	23.9
AK09	2.4	20.4	22.6	1931	19.6	4.3	8.8	4.6	14841	163	152	14.6
AK10	0.9	21.0	8.8	3890	20.0	19.8	15.7	50.2	143	15	149	23.4
AK11	0.8	19.5	4.7	4339	14.2	7.4	7.2	16.9	190	10	104	21.0
AK12	1.2	4.0	6.2	1670	0.2	6.2	1.6	0.5	95	8	61	1.2
AK13	7.2	1.9	3.4	1897	0.4	7.4	7.1	0.5	66	9	85	3.7
AK14	5.8	37.1	3.1	2667	0.4	5.1	1.5	9.8	205	20	230	56.3
AK15	1.2	1.4	3.8	981	0.8	5.0	1.1	0.5	197	10	14	1.8
AK16	2.3	1.2	5.5	2340	1.9	5.3	1.3	0.5	207	8	32	4.4
AK17	3.0	37.4	128	938	5.2	102	7.4	4.0	7795	314	64	11.4
AK18	2.7	1.7	5.6	118	2.1	4.4	4.5	5.2	1171	11	16	1.1
AK19	0.7	2.0	2.8	220	0.8	7.5	23.6	0.5	168	7	9	0.5
AK20	0.9	1.3	2.9	141	0.2	7.4	1.6	0.5	137	6	19	0.3

注：TFe_2O_3 单位为 10^{-2}；其他元素单位为 10^{-6}。

（3）喀腊达坂铅锌矿元素晕分析元素表

样品编号	Ag	As	Bi	Cd	Cu	Hg	Mo	Pb	Sb	Sn	W	Zn
A234-1	36	1.7	0.03	80	2.5	2.3	0.2	5.6	0.00	0.4	0.6	9
A234-2	110	2.0	0.20	37	16.8	16.0	5.0	8.5	0.29	3.2	3.6	41
A234-3	62	0.9	0.03	37	3.0	6.9	0.8	1.6	0.35	1.3	2.9	51
A234-4	50	5.7	0.05	77	3.6	4.9	2.3	3.6	0.20	0.7	8.7	7
A234-5	59	3.4	0.07	63	3.8	2.8	1.5	11.2	0.15	0.8	5.6	16
A234-6	99	0.7	0.02	175	2.1	2.3	0.3	9.7	0.12	0.4	0.8	71
A234-7	77	15.9	0.05	113	21.6	4.4	1.1	8.9	0.26	1.9	2.4	114
A234-8	84	8.6	0.04	235	54.3	3.3	0.9	12.2	2.30	1.1	2.0	83
A234-9	99	14.1	0.09	278	13.6	2.3	1.1	8.0	0.44	3.1	7.9	256
A234-10	112	4.6	1.06	597	23.5	3.3	1.5	50.6	0.92	3.8	3.2	279
A234-11	119	1.7	0.71	65	16.7	1.8	2.9	3.2	0.22	1.8	5.8	30
A234-12	142	6.8	0.17	109	3.9	4.4	1.6	16.1	1.32	5.3	7.1	100
A234-13	88	0.9	0.04	228	2.6	3.3	1.0	10.6	0.46	4.5	5.5	178
A234-14	137	1.0	0.47	62	2.4	1.8	3.0	5.9	0.29	3.9	6.6	16
A234-15	198	0.6	0.14	428	2.2	2.3	1.5	2.9	13.9	7.3	3.4	62
A234-16	158	2.3	0.50	47	2.0	2.3	3.3	2.9	0.10	5.0	6.7	15

续表

样品编号	Ag	As	Bi	Cd	Cu	Hg	Mo	Pb	Sb	Sn	W	Zn
A234-17	5900	52.2	0.66	140	4.4	14.5	20.1	37.7	2.52	9.6	9.7	22
A234-18	108	0.7	0.16	921	11.8	4.4	0.5	98.0	0.39	4.5	3.6	871
A234-19	95	0.7	1.79	49	61.4	2.8	3.0	3.6	0.08	3.2	4.8	134
A234-20	111	0.5	0.08	185	4.7	4.4	0.8	20.2	2.50	4.3	4.7	236
A234-21	117	4.1	0.14	78	10.4	2.3	2.0	8.0	0.12	5.5	6.7	98
A234-22	217	5.6	0.41	128	10.0	17.0	2.7	10.2	0.36	2.7	6.0	109
A234-23	109	2.0	4.97	57	369.5	5.9	2.1	19.2	0.22	2.9	9.8	129
A234-24	1160	1.4	12.24	368	11.6	26.6	9.3	29.4	1.17	12	12.4	29
A234-25	24273	3.7	0.47	67	49.4	52.4	7.7	715	46	11.3	9.0	95
A234-26	563	3.0	2.82	62	2.1	5.9	8.9	5.4	0.50	5.4	13.3	7
A234-27	102	1.5	0.08	8894	9.0	11.4	1.3	13.7	0.99	4.0	4.6	2275
A234-28	244	1.1	0.22	83	7.5	4.4	2.7	11.9	0.95	6.9	5.9	43
A234-29	178	1.4	0.04	10843	3.3	5.4	1.2	45.4	1.61	5.2	5.0	907
A234-30	91	0.5	0.14	62	2.6	1.8	1.0	3.5	0.33	5.1	5.2	28
A234-31	170	3.7	0.68	91	9.8	3.3	1.1	11.7	0.63	7.0	4.4	53
A234-32	171	5.1	0.37	98	14.3	16.0	1.7	14.7	0.83	5.7	8.0	67
A234-33	149	0.5	0.07	294	15.4	7.4	0.8	111	0.41	7.0	5.0	875
A234-34	161	1.3	0.32	187	5.2	4.9	0.6	12.0	0.59	5.8	5.1	494
A234-35	180	7.0	0.18	110	4.6	15.0	3.6	32.6	2.62	3.7	7.8	132

注：元素 Ag、Cd、Hg 单位为 10^{-9}；其他元素单位为 10^{-6}。